质子导体
固体电解质

师瑞娟　著

中国书籍出版社

China Book Press

图书在版编目（CIP）数据

质子导体固体电解质/师瑞娟著. —北京：中国

书籍出版社，2018.11

ISBN 978 - 7 - 5068 - 7061 - 0

Ⅰ. ①质…　Ⅱ. ①师…　Ⅲ. ①质子—导体—固体电解

质　Ⅳ. ①O646.1

中国版本图书馆 CIP 数据核字（2018）第 249235 号

质子导体固体电解质

师瑞娟　著

责任编辑	刘　娜
责任印制	孙马飞　马　芝
封面设计	中联华文
出版发行	中国书籍出版社
地　　址	北京市丰台区三路居路 97 号（邮编：100073）
电　　话	（010）52257143（总编室）　　（010）52257140（发行部）
电子邮箱	eo@ chinabp. com. cn
经　　销	全国新华书店
印　　刷	三河市华东印刷有限公司
开　　本	710 毫米 ×1000 毫米　1/16
字　　数	200 千字
印　　张	13.5
版　　次	2019 年 1 月第 1 版　2019 年 1 月第 1 次印刷
书　　号	ISBN 978 - 7 - 5068 - 7061 - 0
定　　价	58.00 元

前　言

随着世界人口的不断增长和全球经济的持续发展,能源危机和环境污染等问题对人类的生产、生活造成了严重的影响。节约能源、合理利用能源与环境保护已经成为21世纪最热点的问题。同时,新型清洁能源的开发、现有能源的合理利用以及与环境保护的协调发展对世界经济的发展起着非常重要的作用。燃料电池是一种将存在于燃料与氧化剂中的化学能直接转化为电能的一种不经燃烧过程的发电装置,既可利用化石燃料,也可利用氢或可再生能源作为燃料,被称为21世纪的绿色发电站,将成为继火力、水力、核能发电后第四代新型发电技术,引起了人们的研究兴趣。作为燃料电池最核心的部件,电解质材料的性能不仅直接影响电池的工作温度、输出性能等,还能影响与之匹配的电极材料的设计与制备。按照导电离子的不同,电解质材料又可以分为两类:质子导电电解质和氧离子导电电解质。二者的主要区别在于生成水的位置不一样,氧离子导体燃料电池在燃料一侧生成水,稀释燃料,增加了电池系统的复杂性;而质子导体燃料电池在空气电极一侧生成水,很容易处理或者排除。这是质子导体燃料电池比传统氧离子导体燃料电池的优越性之所在。由于质子导体固体电解质具有广阔的应用前景和巨大的发展空间,各国研究者对中低温质子导体从制备方法、物化性质、质子导电机理和工业应用等方面进行了广泛的研究并取得了重大进展。

本书共分为6章:第1章为燃料电池概述;第2章为质子导体固体电解质的制备方法;第3~5章为钙钛矿结构铈酸锶基、铈酸钡基、锆酸钡基质子导体

1

固体电解质材料,主要介绍了钙钛矿材料的基本结构、缺陷化学、质子传输机理以及薄膜燃料电池的研究及应用,并综述了各种改性方法(离子掺杂、烧结助剂、无机盐复合等)对质子导体材料的晶格结构、烧结性能、化学稳定性及电化学性能等方面的影响;第6章为新型金属有机骨架化合物(MOF)质子导体。

本书编者根据近几年来从事燃料电池技术科研和教学积累的一些关于固体电解质材料的合成、导电性能及燃料电池性能的测试与研究经验,参考国内外该领域的众多科研论文及图书资料编写而成。本书可作为高等学校相关专业的本科生和研究生的参考用书,也可供科研部门有关专业的科技人员参考。

本书得到安徽省教育厅自然科学研究重点项目(批准号:KJ2018A0337)、阜阳市政府–阜阳师范学院横向合作项目(批准号:XDHX201739)、阜阳师范学院优秀青年人才项目(批准号:rcxm201805)以及环境污染物降解与监测安徽省重点实验室委托项目(批准号:2019HJJC01ZD)的共同资助。

由于笔者水平所限,书中难免有不当之处,还望读者给予谅解和批评指正!

师瑞娟

2018 年 5 月

目　录
CONTENTS

第1章 燃料电池概述

随着世界人口的不断增长和全球经济的持续发展,人类对于能源的大量需求使得石油、煤炭等化石类能源面临着极度匮乏的局面。另外,由于化石类能源在使用过程中产生的大量有害气体和粉尘,造成了酸雨、雾霾以及全球气候变暖等一系列严重的环境问题,对人类的生活造成了严重的影响。节约能源、合理利用能源与环境保护已经成为 21 世纪最热点的问题。同时,新型清洁能源的开发、现有能源的合理利用以及与环境保护的协调发展对世界经济的发展起着非常重要的作用。因此,随着人类对于能源需求的不断增加和对自身生存环境要求的日益提升,寻求和开发新型、高效、清洁的替代能源已经变得刻不容缓。

1839 年,威廉·格罗夫爵士(Sir William Grove)发明了首个燃料电池(fuel cells,FCs),通过氢氧合成反应进行发电[1]。此后,燃料电池因其具有高的能量转化效率、低污染、广泛的燃料适应性等优点,引起了世界各国政府和科研工作者的广泛关注[2-30]。其实,世界各国学者对燃料电池的研究到现在已经持续了将近两个世纪,燃料电池的研究和发展历程如图 1.1 所示[2]。燃料电池是一种将存在于燃料与氧化剂中的化学能直接转化为电能的一种不经燃烧过程的发电装置,既可利用化石燃料,也可利用氢或可再生能源作为燃料,被称为 21 世纪的绿色发电站,将成为继火力、水力、核能发电后第四代新型发电技术,其在能源利用、环境保护、交通运输、国防建设等领域都发挥着独特的优势[31-61]。

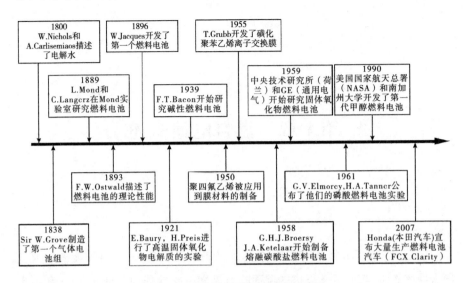

图 1.1　燃料电池的研究发展历程

因此,燃料电池的研究与开发利用将成为解决未来能源和环境问题,建立可持续发展能源系统的有效措施。

1.1　燃料电池

1.1.1　燃料电池的基本特点

虽然燃料电池和传统的电化学电池都涉及把化学能转化成电能,且其组成也与一般电化学电池相同。但是传统的电化学电池的活性物质储存于电池内部,是利用金属和电解液之间的反应来提供电能,金属和电解液的化学性质会随着时间而改变,因此限制了电池容量。传统电化学电池的例子有铅酸蓄电池、锂离子电池等。而燃料电池只是一个催化转换元件而不是储能装置,它的正、负极本身并不包含活性物质,燃料和氧化剂都由外部供给,是一个敞开系统。燃料电池工作时,是通过燃烧它的燃料进行反应,把化学能转化为电能,电极本身在工作时并不消耗和发生变化。原则上只要反应物不断地加入,反应产物不断地排出,燃料电池就能够持续不断地发电。

总的来说,燃料电池具有以下优点[51-53]:(1)能量转化效率高。它直接将燃料的化学能转化为电能,中间不经过燃烧过程,因而不受卡诺热机效率(η)的限制[62-63]。燃料电池系统的燃料——电能转换效率理论上应为100%,实际操作时其总效率也可达60%以上,而火力发电和核电的效率大约在30%。(2)减少大气污染。火力发电产生废气(如CO_2,SO_2,NO_x等)、废渣,而氢氧燃料电池发电后只产生水,在航天飞行器中经净化后甚至可以作为航天员的饮用水。(3)安装地点灵活。燃料电池电站占地面积小,建设周期短,电站功率可根据需要由电池堆组装,十分方便。燃料电池无论作为集中电站还是分布式电站,或是作为小区、工厂、大型建筑的独立电站都非常合适。(4)负荷响应快,运行质量高。燃料电池在数秒钟内就可以从最低功率变换到额定功率。

1.1.2 燃料电池的基本结构

燃料电池单电池通常由形成离子导电体的电解质板和其两侧配置的阳极(燃料极)和阴极(空气极)及两侧气体流路构成,气体流路的作用是使燃料气体和空气(氧化剂气体)能在流路中通过,如图1.2所示。根据应用要求,采用连接体可将多个单电池连接成电堆。在单电池的阳极持续地通入燃料气体,

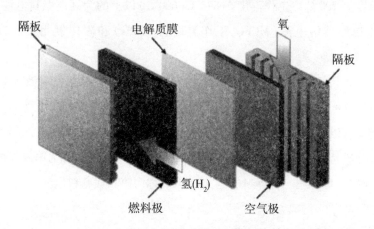

图1.2　燃料电池的基本结构示意图

在阴极持续地通入氧化剂气体(空气或氧气),这样在电解质的两侧就产生了电动势,离子载流子持续地通过电解质,外接电路中就产生了连续的电流。

1.1.3 燃料电池的分类

燃料电池的品种有很多,其分类方法也是各异。可以按照运行机理、燃料的性质、工作温度、电解质的类型及结构特性等进行分类。

按照燃料电池的运行机理可以分为酸性燃料电池和碱性燃料电池。按燃料的类型来分类,有直接型燃料电池、间接型燃料电池和再生型燃料电池。按照电解质的类型可以分为:(1)碱性燃料电池(alkalescence fuel cell,AFC);(2)磷酸燃料电池(phosphoric acid fuel cell,PAFC);(3)熔融碳酸盐燃料电池(molten carbonate fuel cell,MCFC);(4)质子交换膜燃料电池(proton exchange membrane fuel cell,PEMFC,也称固体高分子型质子膜燃料电池);(5)固体氧化物燃料电池(solid oxide fuel cell,SOFC)等[64]。

按照燃料电池的工作温度又可分为高、中、低温型燃料电池。工作温度从室温到373 K(100℃)的为低温燃料电池,如碱性燃料电池(AFC,工作温度为100℃)和质子交换膜燃料电池(PEMFC,工作温度为100℃以内);工作温度在473 K(200℃)～573 K(300℃)的为中温燃料电池,如磷酸型燃料电池(PAFC,工作温度为200℃);工作温度在873 K(600℃)以上的为高温燃料电池,如熔融碳酸盐型燃料电池(MCFC,工作温度为650℃)和固体氧化型燃料电池(SOFC,工作温度为1000℃)。

按照燃料的种类可以分为:(1)氢燃料电池;(2)甲烷燃料电池;(3)甲醇燃料电池;(4)乙醇燃料电池;(5)甲苯燃料电池;(6)丁烯燃料电池等。按照结构类型可以分为管状燃料电池、平板燃料电池和单片型燃料电池等等。另有一种分类是按燃料电池开发早晚的顺序进行的,把PAFC称为第一代燃料电池,把MCFC称为第二代燃料电池,把SOFC称为第三代燃料电池。

1.1.4 燃料电池的基本原理

燃料电池的工作原理相对简单,主要包括燃料氧化和氧气还原两个电极

反应及离子传输过程,见图 1.3。当以氢气为燃料,氧气为氧化剂时,燃料电池的阴、阳极反应和电池总反应分别为

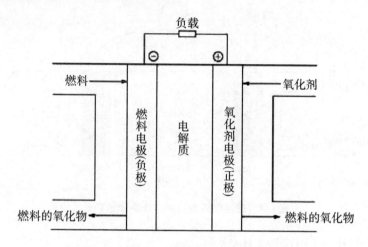

图 1.3　燃料电池的基本工作原理示意图

阳极:$H_2 \rightarrow 2H^+ + 2e^-$

阴极:$1/2O_2 + 2H^+ + 2e^- \rightarrow H_2O$

总反应:$H_2 + 1/2O_2 \rightarrow H_2O$

其中,H_2 通过扩散到达阳极,在催化剂作用下被氧化成 H^+ 和 e^-,随后 H^+ 穿过电解质到达阴极,而电子则通过外电路带动负载做功后也到达阴极,从而与 O_2 发生还原反应。这正是水的电解反应的逆过程。

下面简单介绍一下几种主要的燃料电池的基本原理。

(1)碱性燃料电池(AFC)

碱性燃料电池是以 KOH 水溶液为电解质的燃料电池。KOH 水溶液的质量分数一般为 30% ~ 45%,最高可达 85%。在碱性电池中,氧化还原比在酸性电解质中容易。AFC 的工作温度一般在 60 ~ 90℃ 范围,设计简单,但是不耐 CO_2。所以 AFC 必须采用纯氢和纯氧作为燃料和氧化剂,若使用空气作为氧化剂,在电解质溶液中将会产生碳酸盐,进而堵塞气体的扩散通道,降低电流效率,缩短电池寿命。因此,对含碳燃料 AFC 系统中必须配 CO_2 脱除装置。图 1.4 为碱性燃料电池的工作原理示意图。在 KOH 电解质内部传输的离子导体为 OH^-,以氢氧燃

料电池为例,由于阴、阳两极的电极反应不同,在阳极一侧生成水。

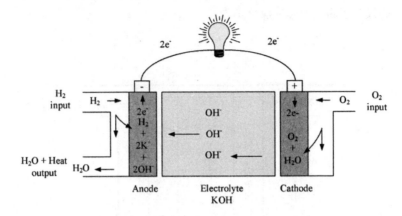

图1.4　碱性燃料电池的工作原理示意图

阳极:$H_2 + 2\,OH^- \rightarrow 2\,H_2O + 2\,e^-$

阴极:$1/2\,O_2 + H_2O + 2\,e^- \rightarrow 2\,OH^-$

总反应:$H_2 + 1/2\,O_2 \rightarrow H_2O$

阳极侧生成的水必须及时地排除,以免将电解质溶液稀释或者淹没多孔气体扩散电极。AFC 是燃料电池中研究较早并获得成功应用的一种,但是成本较高,使它难以推广,主要在航天领域内应用。

(2)磷酸燃料电池(PAFC)

磷酸燃料电池的工作温度要比碱性燃料电池和质子交换膜燃料电池的工作温度略高,在 $150 \sim 200\,℃$ 范围。以 85% 的磷酸溶液为电解质,磷酸溶液通常位于碳化硅基质中。由多孔质石墨构成电极,常需使用贵金属 Pt 作为催化剂,所需的燃料除氢气外,还可使用煤气、天然气或甲醇。磷酸燃料电池的主要优点是构造简单、性能稳定、产热量高,与碱性氢氧燃料电池相比,最大的优点是它不需要 CO_2 处理设备。缺点是电导率偏低,存在漏液问题[65]。磷酸燃料电池的工作原理示意图见图 1.5。氢气燃料被加入到阳极,在催化剂作用下被氧化成为质子。氢质子和水结合成水合质子,同时释放出两个自由电子。电子向阴极运动,而水合质子通过磷酸电解质向阴极移动。因此,在阴极上,电子、水合质子和氧气在催化剂的作用下生成水分子。具体的电极反应表达如下:

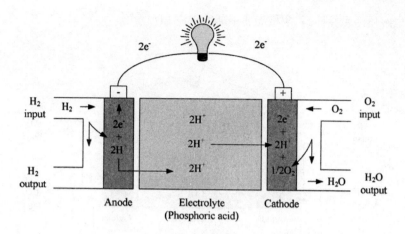

图1.5　磷酸燃料电池的工作原理示意图

阳极：$H_2 \rightarrow 2H^+ + 2e^-$

阴极：$1/2O_2 + 2H^+ + 2e^- \rightarrow H_2O$

总反应：$H_2 + 1/2O_2 \rightarrow H_2O$

目前，PAFC在城市发电、供气及其他工业项目上广为试用。另外，还有一种采用生物气体燃料的PAFC体系已被开发，可用在废弃物质的处理上。大规模使用生物沼气的PAFC可望在将来应用于垃圾回收领域，解决社会难题。

（3）熔融碳酸盐燃料电池（MCFC）

熔融碳酸盐燃料电池是由多孔陶瓷阴极、多孔陶瓷电解质隔膜、多孔金属阳极、金属极板构成的燃料电池。其电解质是熔融态碱金属的碳酸盐。图1.6为熔融碳酸盐燃料电池的工作原理示意图。导电离子为碳酸根离子，当燃料为氢气，氧化剂为氧气或空气加二氧化碳，其阴、阳两极反应及电池总反应如下：

阳极：$H_2 + CO_3^{2-} \rightarrow CO_2 + H_2O + 2e^-$

阴极：$1/2\ O_2 + CO_2 + 2\ e^- \rightarrow CO_3^{2-}$

总反应：$H_2 + 1/2O_2 + CO_2$（阴极）$\rightarrow H_2O + CO_2$（阳极）

熔融碳酸盐燃料电池是一种高温燃料电池（600～700℃），具有效率高（高于40%）、无需贵金属催化剂、噪声低、无污染、燃料多样化（氢气、煤气、天然气和生物燃料等）、余热利用价值高（可用于工业加工或锅炉循环）和电池构造材料价廉等诸多优点，是21世纪的绿色电站。但MCFC的缺点是在其工作温度下,电解质的腐蚀性高,阴极需要不断的供应 CO_2[66,67]。

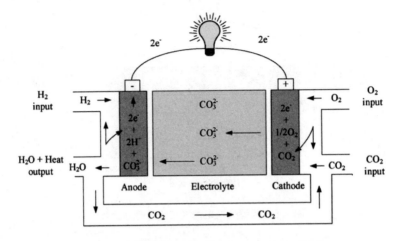

图 1.6　熔融碳酸盐燃料电池的工作原理示意图

(4)质子交换膜燃料电池(PEMFC)

质子交换膜燃料电池在 80 ~ 110℃ 范围内工作,以磺酸型固体聚合物质子交换膜为固体电解质,具有无泄漏、无电解质腐蚀问题,能量转换效率高,无污染,可室温快速启动等优点。以铂/碳或铂 - 钌/碳为电催化剂,氢气或净化重整气为燃料,空气或纯氧气为氧化剂,带有气体流动通道的石墨或表面改性的金属板为双极板。图 1.7 为质子交换膜燃料电池的工作原理示意图。质子交换膜型燃料电池中的电极反应类同于其他酸性电解质燃料电池。阳极催化层中的氢气在催化剂作用下发生电极反应:

$$H_2 \rightarrow 2 \; H^+ + 2 \; e^-$$

该电极反应产生的电子经外电路到达阴极,H^+ 则经过质子交换电解质膜到达阴极。氧气与 H^+ 及电子在阴极发生反应生成水:

$$1/2 \; O_2 + 2 \; H^+ + 2 \; e^- \rightarrow H_2O$$

质子交换膜燃料电池在固定电站、电动车、军用特种电源、可移动电源等方面都有广阔的应用前景,尤其是电动车的最佳驱动电源[68]。PEMFC 已成功地用于载人的公共汽车和奔驰轿车上。在 PEMFC 中,膜的质子导电率、催化材料、气体扩散层是关键性技术问题。

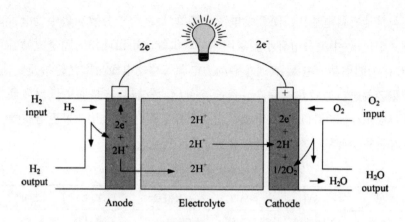

图 1.7　质子交换膜燃料电池的工作原理示意图

（5）固体氧化物燃料电池（SOFC）

固体氧化物燃料电池具有全固态结构,采用固体氧化物作为电解质,除了高效、环境友好的特点外,不存在材料腐蚀和电解液腐蚀等问题;在较高的工作温度下(800～1100℃),电池排出的高质量余热可以充分利用,使其综合效率可由50%提高到70%以上;它的燃料适用范围广,不仅能使用 H_2,还可直接使用 CO、天然气（甲烷）、煤气化气、碳氢化合物、NH_3、H_2S 等作燃料[47-60,69]。固体氧化物燃料电池的工作原理与其他燃料电池相同,其单电池由阳极、阴极和固体氧化物电解质组成,阳极为燃料发生氧化的场所,阴极为氧化剂发生还原的场所,两极都含有加速电极电化学反应的催化剂。固体氧化物燃料电池的工作原理示意图见图 1.8。

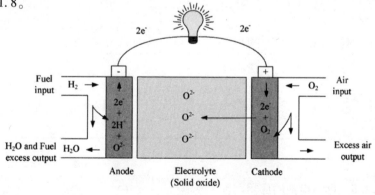

图 1.8　固体氧化物燃料电池的工作原理示意图

与其他燃料电池比,SOFC 发电系统简单,最适合于分散和集中发电,可在大型集中供电、中型分电和小型家用热电联供等民用领域作为固定电站,而且SOFC 作为船舶动力电源、交通车辆动力电源等移动电源与燃气轮机及其他设备也很容易进行高效热电联产。目前,SOFC 的发展趋势是向中低温发展,当工作温度低于800℃以下时,电池材料的选择范围更宽,应用前景更为广阔。

几种最主要的燃料电池的基本特征及区别见表1.1。

表1.1 不同燃料电池的技术性能参数

类型	AFC	PAFC	MCFC	PEMFC	SOFC
电解质	KOH 溶液	磷酸溶液	熔融碳酸盐	质子膜材料	固态离子导体
电解质形态	液体	液体	液体	固体	固体
电解质腐蚀性	中	强	强	无	无
阳极	Pt/C	Pt/C	Ni/Al,Ni/Cr	Pt/C	Si/YSZ, Ni/DCO
阴极	Pt/Ag	Pt/C	Li/NiO	Pt/C	Sr/LaMnO$_3$
工作温度/℃	60 ~ 80	150 ~ 220	650	室温 ~ 80	500 ~ 1000
燃料种类	氢气	天然气、甲烷	天然气、甲醇、石油、煤	氢气、天然气、甲醇、汽油	天然气、甲烷、汽油、煤
氧化物种类	O$_2$	空气	空气	空气	空气
比功率/ (W·kg^{-1})	35 ~ 105	100 ~ 220	30 ~ 40	300 ~ 1000	15 ~ 20
电荷载体	OH$^-$	H$^+$	CO$_3^{2-}$	H$^+$	H$^+$/O^{2-}
应用领域	航天,机动车	洁净电站、轻便电源	洁净电站	机动车,洁净电站,便携电源,航天	洁净电站,联合循环发电,便携电源

1.1.5 燃料电池的应用

由于燃料电池模块化、功率范围广和燃料多样化等特点,使得燃料电池的

用途非常广泛,既可应用于军事、空间、发电厂领域,也可应用于机动车、移动
设备、居民家庭等领域。早期燃料电池的发展焦点集中在军事空间等专业应
用以及千瓦级以上分散式发电上[70]。实际上,燃料电池的商业化早已进行得
如火如荼。目前,电动车领域成为燃料电池应用的主要方向,市场已有多种采
用燃料电池发电的电动车出现。另外,通过小型化的技术将燃料电池运用于
一般消费型电子产品(如笔记本电脑、无线电电话、录像机、照相机等)的电源
也是应用发展方向之一。资料显示,从 2008 年至 2014 年,世界范围内燃料电
池作为通信网络设备、物流和机场地勤的备用电源市场份额增长了 214%(见
图 1.9,图 1.10)。预计至 2020 年,燃料电池的市场总值将达到 192 亿美元。

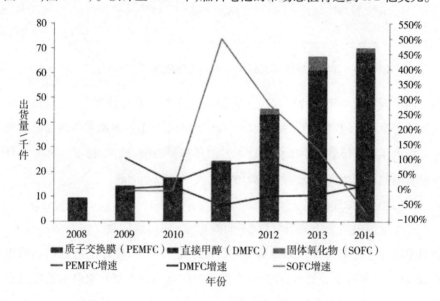

图 1.9　燃料电池的应用

燃料电池的具体应用介绍如下。

(1)便携式电源

便携式电源市场销售额的逐年增长吸引了许多电源技术,其产品包括笔
记本电脑、手机、收音机及其他需要电源的移动设备。为方便个人携带,便携
式移动电源的基本要求通常是其具有高比能量、质轻小巧等特点,而燃料电池
的能量密度通常是可充电电池的 5 ~ 10 倍,使其具有较大的竞争力。此外,燃

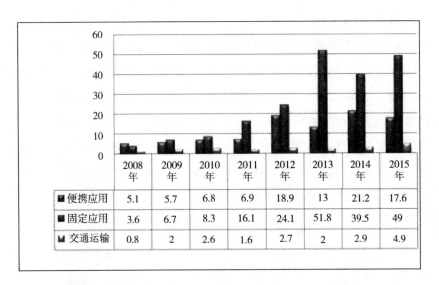

	2008年	2009年	2010年	2011年	2012年	2013年	2014年	2015年
■便携应用	5.1	5.7	6.8	6.9	18.9	13	21.2	17.6
■固定应用	3.6	6.7	8.3	16.1	24.1	51.8	39.5	49
■交通运输	0.8	2	2.6	1.6	2.7	2	2.9	4.9

图 1.10　2008—2015 年燃料电池市场或货量统计[71]（单位：千件）

料电池不需要额外充电的特点也使它能适应更长久的野外生活。目前,已有直接甲醇燃料电池(DMFC)和 PEMFC 被应用为军用单兵电源和移动充电装置上。但由于在系统管理小型化等技术方面还有待突破,成本、稳定性和寿命将是燃料电池应用于便携式移动电源所需要解决的技术问题。

（2）固定电源

固定电源包括紧急备用电源、不间断电寮、偏远地区独立电站等。目前,燃料电池每年占据全球约 70% 的兆瓦级固定电源市场,相比于传统的铅酸电池,燃料电池具有更长的运行时间(大约为铅酸电池的 5 倍)、更高的比能量密度、更小的体积和更好的环境适应性。对于智能电网难以到达的偏远地区和紧急事故发生地,独立电站被认为是最经济且可靠的供电方式。在我国多次的地质灾害中,燃料电池被用作独立电站,为救灾工作发挥了重要作用。需要注意的是,固定电站通常需要较长的寿命(大于 80000h),这是燃料电池技术应用于固定电站的最大技术挑战。

（3）交通动力电源

交通动力电源一直是清洁能源技术研发的主要诱导因素,因为全球 17%的温室气体(CO_2)都是由传统燃油内燃机汽车所产生,另外还伴随着其他的大气污染问题,如雾霾等。以氢气为燃料的 PEMFC 被认为是内燃机的最佳替代动力,主要原因是:(1)尾气只有水,无任何污染排放;(2)燃料电池的工作效率极高(53% ~59%),几乎是传统内燃机的两倍;(3)低温快速启动、运行噪声低且运行稳定。近年来,燃料电池汽车在性能、寿命与成本方面均取得一定的突破。在性能方面,美国公司的燃料电池发动机体积比功率已与传统的四缸内燃机相当,德国 Daimler 公司通过 3 辆 B 型 Mercedes – Benz 燃料电池轿车的环球旅行向世人展示了燃料电池汽车的可使用性,其续驶里程、最高时速、加速性能等已与传统汽油车相当。2015 年,日本丰田汽车公司开始售卖世界上第一辆以 PEMFC 为主要动力电源的汽车 Mirai,标志着燃料电池技术应用于汽车动力的新纪元。日本计划在 2025 年之前,建设超过 1000 个加氢站和运行 200 万辆燃料电池汽车。

1.1.6　燃料电池的发展前景

在当今全球能源紧张、油价波动的时代,寻找新能源作为化石燃料的替代品是当务之急。燃料电池效率高、排放少、无污染、燃料多样化的特点决定了它会具有广阔的应用前景。燃料电池既可以用作小型发电设备、作为长效电池,也可以应用在电动汽车上。发达国家都将大型燃料电池的开发作为重点研究项目,企业界也纷纷斥以巨资从事燃料电池技术的研究与开发,现在已取得了许多重要成果。例如,日本的热电联供系统,2011 年 10 月宣布,现在已经安装了上万套。美国分布式发电系统,硅谷很多著名的企业中心都配备有这种产品,做得比较有代表性。三菱重工持续做发电系统,2012 年日本东京建装的燃气电机的发电系统,其改进的系统可以在九州大学看到,东京附近正在安装第三套改进的系统,号称是整个性能无衰减,整个效率达到90% 。

我国早在 20 世纪 50 年代就开始了燃料电池方面的研究。2016 年 4 月发布的《能源技术革命创新行动计划(2016—2030 年)》中,氢能和燃料电池被列为 15 个重点发展方向之一。2016 年 12 月,由中科院大连化学物理研究所的质子交换膜燃料电池研究团队研制的 20 kW 燃料电池系统作为动力源的国内首架燃料电池试验机在东北某机场成功首飞,标志着我国航空用燃料电池技

术取得了突破性进展,成为继美、德之后第三个拥有该技术的国家。2016 年 12
月 19 日,国务院印发了《"十三五"国家战略性新兴产业发展规划》,里面出台有
两个文件:能源技术革命创新行动计划和中国制造 2025。能源技术革命创新行
动计划中,第九项是燃料电池,燃料电池主要关注的目标是分布式发电,提出要
系统推进燃料电池汽车研发与产业化,到 2020 年,实现燃料电池汽车批量生产和
规模化示范应用。中国制造 2025 明确提出,能源装备中要做到百千万和兆瓦级
固体氧化物燃料电池发电系统。这些都是很有挑战性的指标。2018 年 1 月,大
连化学物理研究所醇类燃料电池及复合电能源研究中心的"甲醇燃料电池系列"
项目通过验收。2018 年 1 月 20—21 日,中国电动汽车百人会论坛在钓鱼台国宾
馆召开,该论坛的主题为"把握全球变革趋势,实现高品质发展"。氢能是多能源
传输和融合交互的纽带,是未来清洁低碳能源系统的核心之一。氢能燃料电池
技术正成为全球能源技术革命的重要方向和各国未来能源战略的重要组成部
分。我国在"电电混合"动力技术路线具备一定特色,作为起步期推动燃料电池
商业化突破,具有非常重要的意义。科技部和 UNDP 中国燃料电池联合示范项
目进行到第三期,预计项目实施完成会有超过 10 个城市进入示范项目,进一步推
动中国燃料电池技术普及。随着燃料电池汽车产业的发展,甲醇燃料电池技术
的突破,将进一步带动全国燃料电池产品多元化应用,加速未来社会能源和动力
转型,所以燃料电池未来市场将有巨大的上升空间。

　　尽管现在燃料电池的成本偏高、市场需求有限,但随着技术进步与规模经
济效益,燃料电池的生产成本与使用成本将下降,竞争力提高,加上能源动力
企业对燃料电池的发展信心十足,燃料电池行业将迎来新的发展机遇。

1.2　固体氧化物燃料电池

　　与其他类型的燃料电池相比,固体氧化物燃料电池(solid oxide fuel cell,
SOFC)具有以下几点优势[51-55,72-79]:(1)全固态,无电解液的泄露和电极腐
蚀。(2)燃料气的选择多样,可以使用经过净化或者重整后的气体,如氢气、天

然气、液化气、甲烷、氨气等作为燃料。(3)高能量转化效率。(4)操作温度在400~1000℃,电极的活化性能好,不需要贵金属材料做电极,极大地降低了生产成本。(5)高价值的余热。燃料电池操作温度高,其余热可以用于电池保温、与蒸汽机联用、家庭供暖等方面。可以预见,随着电池堆制备技术水平的提高和制作成本的降低,SOFC 必将实现全面应用。

因此,在讲述固体电解质材料之前,首先简单阐述固体氧化物燃料电池的基本结构、基本原理、发展趋势和亟待解决的技术问题。

1.2.1 SOFC 的基本结构

目前,根据电堆的要求,SOFC 主要有管式(tubular)、平板式(planar)和瓦楞式(mono – block layer built,MOLB)等多种结构设计方式。其中,平板式结构因其几何形状较简单,功率密度高和制作成本低而成为 SOFC 的发展趋势。平板式 SOFC 电池堆的结构如图 1.11 所示。电池串联连接,两边带槽的连接体连接相邻阴极和阳极,并在两侧提供气体通道,同时隔开两种气体。平板式 SOFC 电流依次流过各薄层,路径短,内阻欧姆损失小,能量密度高,电池结构和制备工艺简单,但是平板式 SOFC 组件边缘要求进行密封来有效隔离氧化气体和燃料气体;对双极连接板材料要求很高,需要与电极材料热匹配,具有良好的抗高温氧化性能和导电性能。

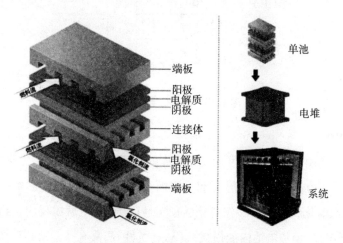

端板
阳极
电解质
阴极

连接体

阳极
电解质
阴极

端板

单池

电堆

系统

图 1.11　平板式 SOFC 电池堆的结构

　　SOFC 单电池设计按照支撑体元件分类,可分为自支撑和外支撑两类。在自支撑结构中又可以分为电解质自支撑型、阴极支撑型和阳极支撑型,如图1.12 所示。其中,阳极支撑型 SOFC 综合性能最好,受到普遍的关注。

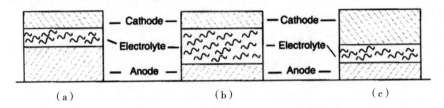

$$（a）\qquad\qquad（b）\qquad\qquad（c）$$

图 1.12　阴极支撑、电解质自支撑和阳极支撑 SOFC 结构图

　　SOFC 单体电池是一种典型的三明治结构,即阳极│电解质│阴极,如图1.13 所示。SOFC 中的电解质主要用于离子的传输,为了使电池能够正常高效率运行,需要固体电解质层达到致密化,这样既可以起到隔绝氧化气和燃料气的接触,又能阻止电子在电池内部短路;具有多孔结构的阴极侧起到催化氧气分解成氧原子并与电子结合成氧离子的作用;具有多孔结构的阳极侧起到催化氧化燃料气并释放出电子的作用[54]。电极材料除了需要具有较高的电催化活性外,还需要与电解质有着很好的物理化学相容性。

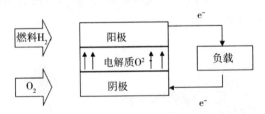

图 1.13　SOFC 典型结构图

1. 阴极

SOFC 的阴极是氧化剂发生还原反应的主要场所。因此,作为阴极材料应当具备[80]:(1)高的电子电导率和一定的离子电导率,以降低欧姆极化电阻;(2)在高温氧化状态下能够保持化学稳定性(避免与电解质反应,导致电解质产生电子电导,增加电池内能损耗);(3)透气性好,具有一定的孔隙结构,以降低浓差极化电阻;(4)与电解质等其他组件的热膨胀系数相匹配,以免出现开裂、变形和脱落现象。

Ag、Pt、Pd 等贵金属是人们较早深入研究的一类阴极材料,对氧具有良好的活化能力,具有优良的吸附、催化和抗中毒性能。由于贵金属成本较高、高温稳定性差等原因,目前已很少单独使用[81]。采用将金属与电极材料或电解质材料复合的方法是目前阴极中低温化的一个发展方向。不仅可以降低贵金属的用量,同时可减小其对离子在体相中扩散的阻碍作用,使电极性能得到进一步提高。Sahibzada 等[82]报道了在 $La_{0.6}Sr_{0.4}Co_{0.2}Fe_{0.8}O_3$ 中加入少量 Pd 后,可使阴极阻抗降低 3 ~ 4 倍(400 ~ 750℃),在 550℃和 650℃,可使电池的内阻分别降低 40% 和 15%。Liang 等[83]采用浸渍法制备了纳米结构的 Pd 改性 LSM/YSZ 复合阴极。发现浸渍的 Pd 颗粒以 Pd(0)的形式存在于阴极中,并与氧化物基体之间具有良好的化学相容性,在 750℃下电池的峰值功率密度高达 1 420 mW·cm^{-2}。Simner 等[84]发现在 $(La_{0.6}Sr_{0.4})_{0.98}Fe_{0.8}Co_{0.2}O_3$(LSCF)中掺入 Ag 后,能使 Ag – LSCF 在较低的温度下就有较好且稳定的电化学性能。黄守国等[85]将 $Y_{0.25}Bi_{0.75}O_{1.5}$(YSB)与 Ag 复合制成了 Ag – YSB 疏松多孔复合阴极,其与电解质 $Sm_{0.2}Ce_{0.8}O_{1.9}$(SDC)的界面结合良好,形成了足够多的三相界面,降低了界面极化电阻;当 YSB 添加量为 50% 时,电阻最小,电极界面性能最高。

除贵金属外,目前研究较热门的是钙钛矿结构的 ABO_3 型氧化物阴极材料和类钙钛矿的 A_2BO_4 型氧化物阴极材料[34,35]。其中较常见的钙钛矿结构氧化物阴极材料主要有 $La_xSr_{1-x}MnO_3$(LSM)、$La_xSr_{1-x}FeO_3$(LSF)、$La_xSr_{1-x}CoO_3$(LSC)和 $La_xSr_{1-x}Co_yFe_{1-y}O_3$(LSCF)等。LSM 在高温下的氧还原催化性能优异,并与钇稳氧化锆(YSZ)有较好的热匹配性。然而,LSM 的极化损耗随温度降低而急剧上升,电导率随之显著降低。但 LSM 与电解质材料如 YSZ、GDC 等混合形成复合阴极,通过增加三相界面的长度可以提高电导率和减少极化损耗[86]。在相同条件下,LSC 的电导率是 LSM 的 3 ~ 10 倍,但 LSC 的稳定性不如 LSM,且在高温下 LSC 与 YSZ 可以发生反应形成绝缘相。为了解决 LSC 存在的问题,人们又研究了用 Fe 掺杂的 LSCF 体系[87-89]。此外,人们又发现

$Ba_{0.5}Sr_{0.5}Co_{0.8}Fe_{0.2}O_3$(BSCF)具有较低室温氧扩散活化能,表现出极高的电极性能,是一种很有潜力的 SOFC 阴极材料[90]。

与传统钙钛矿型氧化物阴极材料相比,类钙钛矿型氧化物阴极材料无论是在氧透过性、电导率、热膨胀系数、高温化学稳定性,还是氧的扩散和表面交换能力等方面都具有比较明显的优势,且与传统的固体电解质 YSZ 和 $Ce_{0.9}$$Gd_{0.1}O_{1.9}$(CGO)有很好的热匹配性,有望成为一种潜在的新型 SOFC 阴极材料。Vashook 等[91]研究了一系列 $La_{2-x}Sr_xNiO_4$ 的电导率变化情况,发现当 $x=$0.1~0.5 时复合氧化物是 P 型半导体材料,且在 $x=0.5$ 时材料的电导率值最高。wen 等[92]研究了 $Sm_{2-x}Sr_xBO_4$(B = Fe,Co)系列氧化物的电化学性质,发现钴酸盐氧化物具有较高的电导率数值和较大的热膨胀系数,而铁酸盐氧化物的电导率数值和热膨胀系数则相对较低。Daroukh 等[93]对一些 ABO_3 及 $A_2$$BO_4$ 氧化物的热稳定性、电导率及热膨胀性能进行了比较研究。结果发现,$A_2$$BO_4$ 比 ABO_3 氧化物具有更高的化学稳定性,并且其热膨胀系数数值也要比钙钛矿类型氧化物 LSCF、LSNF 要小很多,与 YSZ 和 CGO 有更好的热匹配性。

2. 阳极

SOFC 的阳极组件是燃料发生氧化反应的主要场所,燃料气和从电解质中迁移过来 O^{2-} 在阳极反应,同时具备运输气体的能力以及一定的导电性。因此,作为阳极材料应满足以下几点要求[94]:(1)电子导电性能好,在反应时能够快速有效地将电子转移至外电路;(2)透气性好,有一定的孔隙结构,能使燃料气顺利地扩散到电极处参与反应并将产生的气体及时转移排出,避免影响电化学氧化反应的速率;(3)在还原气氛下稳定,对燃料气具有良好的氧化催化活性;(4)耐热,能够适应从室温到高温的热循环,还要保持与 SOFC 其他相连元部件匹配的膨胀系数,避免随温度、气氛分压的起伏而产生破裂和脱落现象。

目前常用的阳极材料有金属和金属陶瓷复合材料。一些贵金属和过渡金属如 Pt、Fe、Co、Ni 等,对燃料气的电化学氧化反应具有较高的活性且在还原气氛下可以保持稳定,可作为 SOFC 的阳极材料[95]。但是纯金属阳极不能传导 O^{2-},且金属与电解质材料的热膨胀系数也有很大差异,同时金属阳极经长时

间高温运行后存在烧结、蒸发及金属毒化等问题,因此纯金属单独作为 SOFC 的阳极材料受到了极大的限制。

金属陶瓷复合材料是将具有催化活性的金属分散在电解质材料中得到的。目前最常用的阳极材料为 Ni – YSZ 和 Ni – DCO 金属陶瓷[52-55]。以 Ni – YSZ 为例,YSZ 主要起支撑作用,作为 Ni 粒子的骨架可限制 Ni 金属由于晶粒的增长和团聚而导致阳极活性降低,同时使得阳极的热胀系数与 YSZ 电解质相匹配。YSZ 骨架保持 Ni 的分散性和阳极的多孔性,多孔 Ni 粒子不仅可以提供阳极中电子流的通道,还对氢的还原起催化作用。同时,YSZ 可以提供氧离子电导,使阳极的电化学反应活性区域得到扩展。但是,Ni 陶瓷阳极在使用碳氢化合物为燃料时会催化碳氢键断裂,造成阳极积炭,破坏阳极的多孔性结构阻碍燃料气与 Ni 的进一步接触,且 Ni 的活性位会被积炭覆盖,从而电池的活化极化被大幅增加,导致电池性能降低。而制约 Ni 基阳极应用的另一障碍是其耐硫性较差。目前,探索防止碳淀积的阳极新材料已经成为 SOFC 最活跃的研究领域之一[64,73]。Nunes 等[96]发现以 Cu – CeO$_2$/YSZ 复合阳极作直接碳氢化合物 SOFC 的阳极,在电池运行过程中没有发生积炭。Kurikama 等[97]发现在 Ni – YSZ 中掺入 CeO$_2$ 纳米颗粒可以使得 Ni – YSZ 在含硫的氢气下更稳定,且在含硫的氢气下运行 500 h 后再暴露于不含硫的氢气中,电池的电压几乎可以恢复到初始电压值。

3. 连接体

SOFC 单电池只能产生 1 V 左右的电压,其功率有限,因此必须通过连接体将若干个单电池以各种方式(串联,并联,混联)组装成电池组,形成 SOFC 电堆以获得所需要的功率。作为 SOFC 的重要组件之一,连接体材料起着在相邻单体电池的正、负极之间传导电子,提供气体流通的通道,以及分隔阳极燃料气体和阴极氧化气体的作用。此外,在一些电堆的设计中,连接体也被用作电堆的支撑体,以保证电堆的稳定[81,98]。因此,在氧化和还原的双重气氛下,要求连接体材料必须具备良好的电子导电性,低的离子导电性和良好的化学稳定性,与电池电极材料的化学相容性和良好的热膨胀系数匹配性,以及在室温和操作温度下优异的气密性[52]。另外,连接体材料也是决定 SOFC 制作成本的关键部件。

传统的较深入研究且应用效果最好的连接体材料是 Ca、Sr 或 Mg 等掺杂的铬酸镧钙钛矿陶瓷材料[99-101]。这类 LaCrO$_3$ 陶瓷材料具有较高的电子导电率,在燃料电池的工作环境下化学稳定性和热匹配性都比较良好。但是 La-CrO$_3$ 陶瓷材料也存在着一些问题:与其他连接体材料相比价格相对昂贵,其成本通常能占电池成本的 70% 左右;其机械加工性能较差,成型困难;其导热性能较差,在高温下 Cr$_2$O$_3$ 较易挥发。

另一类研究较多的连接体是耐高温的合金材料[102]。与陶瓷材料相比,金属材料的导电能力更强,尤其是其导电能力不受氧分压的影响。金属材料的高热导率能够消除连接体横向和纵向的热温度梯度,也能够适应热膨胀系数不十分匹配而引起的热应力。目前主要研究工作集中于 Ni 基合金、Cr 基合金和 Fe 基合金,这类材料延展性优良,容易加工成型,并且电子电导和热导率都很高,基本满足 SOFC 连接材料的要求[55]。目前,SOFC 的中低温化是发展的趋势。随着 SOFC 工作温度的降低,具有优异电学性能和机械加工性能的 Fe - Cr 合金材料将成为 SOFC 连接体材料研究的重点。

4. 电解质

电解质是整个 SOFC 单体电池的核心部分,一般都是采用陶瓷氧化物制作,主要用于隔绝氧化气和燃料气的接触,同时起着在阴、阳极之间传导离子的作用。电解质的性能直接影响电池的工作温度和性能,作为可应用的固体电解质材料,一般要求[103,104]满足以下几点。

(1)稳定性。在电池的工作操作温度范围内具备良好的化学稳定性及结构稳定性。

(2)电导率。在氧化和还原环境中,电解质都要具备足够高的离子电导率(>0.1 S·cm^{-1})和几乎可以忽略的电子电导率。

(3)相容性。在操作温度和制作温度下,电解质都应该与其他组元化学相容,而不发生反应。

(4)热膨胀性。拥有与电极等其他组元相匹配适应的热膨胀性,以避免因工作温度变化产生裂缝、变形及脱落现象。

(5)气密性。拥有良好的致密度,不会在双重气氛及工作温度变化范围内发生气体间的相互渗透。

(6)其他。较高的强度和韧性、易加工性和低成本性。

目前,电解质材料主要分为萤石结构、钙钛矿结构以及复合材料三种类型[105]。萤石型氧化物通常具备比较高的离子电导率,ZrO_2 基、CeO_2 基和 Bi_2O_3 基,这三种萤石结构的氧化物是备受研究学者们关注的电解质材料。钙钛矿结构氧化物的结构容性极强,只要其几何容忍因子 t 在一定的范围内($0.77 < t < 1.1$)就能稳定存在,因此具有较高的结构修饰改性空间。应用于 SOFC 中的钙钛矿型电解质材料主要有镓酸镧($LaGaO_3$)基、铈酸锶($SrCeO_3$)基和铈酸钡($BaCeO_3$)基陶瓷材料等。近些年来,复合电解质材料正逐渐成为非常热门的一个研究方向,它通常由两种性质不同的材料构成,通过复合后发挥协同作用达到优势互补的目的。根据复合材料的性状进行分类,通常分为固固复合型电解质和固液复合型电解质两类。

按照导电离子的不同,电解质材料又可以分为两类:质子导电电解质和氧离子导电电解质[106]。二者的主要区别在于生成水的位置不一样,氧离子导体燃料电池在燃料一侧生成水,而质子导体燃料电池在氧气一侧生成水。使用氧离子导体材料作为电解质的燃料电池在燃料电极一侧生成水,稀释燃料,增加了电池系统的复杂性;而使用质子导体作为电解质的燃料电池在空气电极一侧生成水,很容易处理或者排除。这是质子导体燃料电池比传统氧离子导体燃料电池的优越性之所在。目前,对质子导电电解质的研究还局限于基础材料、导电机理等方面,且能应用的燃料范围有限。氧离子导电电解质材料仍然是固体氧化物燃料电池广泛应用的,主要包括氧化锆系、氧化铈系、钙钛矿系和一些其他系列电解质以及不同系列之间的复合电解质等。

目前最成熟的固体氧化物燃料电池电解质体系是 ZrO_2 体系,早期的 SOFC 普遍采用 8 mol% Y_2O_3 稳定的 ZrO_2(yttria - stabilized zirconia,YSZ)氧离子导体作为电解质,具有纯电子导电能力的 $La_{1-x}Sr_xMnO_3$(LSM)作为阴极、Ni - YSZ 金属陶瓷作为阳极及 $La_{0.8}Ca_{0.2}CrO_{3-x}$ 氧化物作为连接体,操作温度通常在 1000℃左右[73,79,80]。YSZ 的电导率在 950℃时约为 0.1 S·cm^{-1},虽然与其他类型的固体电解质(如稳定的 CeO_2，Bi_2O_3)相比小 1~2 个数量级，但 YSZ 在较宽的氧分压范围(10^5~10^{15} Pa)内相当稳定[80,107]。但是如此高的操作温度也导致了一系列的问题，如材料性能衰减较大，材料价格昂贵，操作成本过高，电池组件之间的相反应加速进而影响电池的寿命，对电池附属设备的要求异常苛刻，密封材料、连接体材料的选择受到局限等。近年来人们普遍认为，降低操作温度是 SOFC 能在实际中得以应用的关键[108-110]，而开发高效的电解质材料是实现 SOFC 低温化的重要途径。

1.2.2　SOFC 的基本原理

燃料电池的关键部分是电解质，它可以是质子导体、氧离子导体或者其他相关离子导体。因此，SOFC 按照电解质材料传导离子类型的不同，可分为氧离子导体固体氧化物燃料电池(O–SOFC)和质子导体固体氧化物燃料电池(H–SOFC)两种，图 1.14 和图 1.15 分别为两者的工作原理示意图。

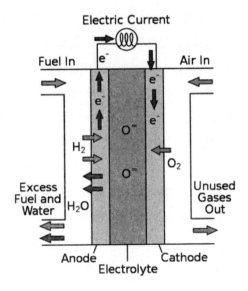

图 1.14　氧离子导体 SOFC 工作原理示意图

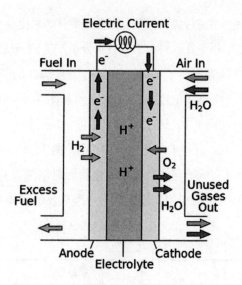

图 1.15　质子导体 SOFC 工作原理示意图

图 1.14 所示为 O – SOFC 原理示意图(以 H_2 为燃料气),在阴极一端,吸附在多孔阴极表面的氧分子被解离、还原成氧离子 O^{2-},O^{2-} 通过致密的电解质传输到阳极,与燃料气体 H_2 反应生成水并失去电子。其电极化学反应可以表示为

阴极:$O_2 + 4e \rightarrow 2O^{2-}$

阳极:$2H_2 + 2O^{2-} \rightarrow 2H_2O + 4e$

总反应:$2H_2 + O_2 \rightarrow 2H_2O$

图 1.15 所示为 H – SOFC 原理示意图(以 H_2 为燃料气),在阳极一侧,氢气被氧化成氢离子(H^+),致密的电解质材料将 H^+ 传输到阴极,与氧气发生反应并生成水。其电极化学反应可以表示为

阳极:$2H_2 \rightarrow 4H^+ + 4e$

阴极:$4H^+ + O_2 + 4e \rightarrow 2H_2O$

总反应:$2H_2 + O_2 \rightarrow 2H_2O$

需要注意的是 H – SOFC 的水蒸气在阴极侧产生,燃料气体不被稀释,保证稳定的气体浓差。

对于氧离子导体燃料电池(图 1.14),也可认为是一个氧浓差电池,由于在燃料极上有水分子产生,须进行燃料循环。而质子导体燃料电池(图 1.15),也可认为是一个氢浓差电池,由于在燃料极上没有水分子产生,无须燃料循环。

此外,以质子导体为电解质的 SOFC,具有燃料选择的灵活性。使用不同种类燃料的固体氧化物燃料电池的工作原理图如图 1.16 所示。对于烃类燃料电池[图 1.16(a)和图 1.16(b)],在输出电能的同时还可制得有用的重整产物(如从乙烷制得乙烯)。对于硫化氢燃料电池[图 1.16(c)],在输出电能的同时还可消除硫化氢。质子导体基固体氧化物燃料电池以其相对温和的工作温度、较低的成本和可观的应用前景将成为一类重要的固体氧化物燃料电池。

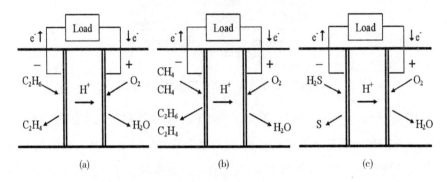

图 1.16　不同燃料的固体氧化物燃料电池的工作原理图

(a)乙烷转变为乙烯;(b)甲烷耦合;(c)硫化氢脱硫膜反应器

1.2.3　SOFC 存在的问题

固体氧化物燃料电池具有全固态结构、燃料使用范围广、能量转化效率高、环境友好等优点,可以作为商场、医院、集体宿舍和交通工具的小型发电装置,也可以作为发电厂、工厂和交通工具的动力系统,其研究和开发受到了全世界研究学者的重视。固体氧化物燃料电池经过几十年的发展,取得了长足的进步,但是 SOFC 的商业化进程却一直十分缓慢,这与 SOFC 电池本身的性能相关。随着对 SOFC 研究的进行,人们发现在高温下 SOFC 会出现一系列材料、密封和结构上的问题,如电极的烧结,电解质与电极之间的界面化学扩散以及热膨胀系数不同的材料之间的匹配和双极板材料的稳定性,材料价格昂贵,操作成本过高,电池组件之间的相互反应加速进而影响电池的寿命,对电池附属设备的要求异常苛刻,密封材料、连接体材料的选择受到局限等。这些都在一定程度上制约了 SOFC 的发展,成为其技术突破的关键方面[111,112]。因此,燃料电池的研究热点转为降低 SOFC 的工作温度,增加材料和系统的稳定性,拓宽电池材料的选择范围,延长电池工作寿命,降低制作成本和加快 SOFC 的规模化和实用化进程。同时,低温下单电池具有更高的开路电压,能量转化效率也更高。

　　总之,目前固体氧化物燃料电池的发展趋势是降低其工作温度,向中低温固体氧化物燃料电池的方向发展[106-108]。但是降低工作温度的同时电极反应的极化阻抗会急剧增大,电解质的离子导电能力也会降低。解决的途径之一就是寻找具有更高离子电导率的中低温电解质材料,如萤石结构的 CeO_2、Sc_2O_3 稳定的 ZrO_2(SCSZ)、钙钛矿结构的 Sr、Mg 掺杂的 $LaGaO_3$(LSGM)电解质、钙钛矿结构的掺杂 $BaCeO_3$ 和 $BaZrO_3$ 材料等。如果能提高这些电解质材料的稳定性,配以性能更好的电极材料,延长电池的工作寿命,则有望实现 SOFC 的商业化。另外一种途径是采用薄膜化的方法降低电解质的厚度,从而提高其电导率。因为随着温度的降低,电解质的欧姆电阻与电极的极化电阻急剧增大。电解质欧姆电阻与电导率成反比而与膜厚度成正比,因此采用减小电解质膜的厚度来实现 SOFC 在低温下具有较低的欧姆电阻,以实现高的功率输出。但是,制备薄而致密的电解质薄膜的工艺有一定限度,还会增加成本。因而,未来研究与开发的趋势是发展新材料和新的制备技术,以实现 SOFC 低温化和低成本。

1.3　质子导体固体电解质

　　传统的 SOFC 的工作温度较高,造成对密封材料、连接体材料的选择异常苛刻,电解质与电极之间的界面化学扩散加剧,双极板材料的稳定性降低,使材料价格昂贵,操作成本过高,电池的寿命减小等,严重影响其商业化发展。因此,SOFC 的中低温化是当前商业化发展的趋势。但是,SOFC 的中低温化并不能以牺牲燃料电池的性能为代价,发展高性能和低成本的 SOFC 是研究者们追求的目标。电解质材料是整个 SOFC 的核心部分,电解质材料的性能不仅直接影响电池的工作温度、输出性能等,还能影响与之匹配的电极材料的设计与制备。因此,要降低 SOFC 的工作温度,就要开发在中低温下具有高电导率的电解质材料。

目前,在中低温范围内性能较好且广泛研究的有氧离子传导的掺杂 ZrO_2、掺杂 CeO_2、掺杂 $LaGaO_3$、掺杂 Bi_2O_3 等[51-57,105-110] 和质子传导的钙钛矿结构的掺杂 $BaCeO_3$ 和 $BaZrO_3$、烧绿石型化合物、稀土掺杂的钽酸盐等材料[1-23,36-50]。

Sc_2O_3 稳定的 ZrO_2($SCSZ$) 在 750℃时电导率就可达到 $0.1\ S \cdot cm^{-1}$,而传统的 YSZ 在 950℃时才能达到这一电导率,且 SCSZ 在氧化和还原性气氛中都具有良好的稳定性。但是 SCSZ 在高温处理后会迅速老化,且 Sc 的价格昂贵,使得 Sc_2O_3 稳定的 ZrO_2 的发展受到限制。掺杂的 CeO_2 体系(DCO)曾被认为是中温电解质材料的首选,因为无论是使用哪一种稀土掺杂元素,DCO 在中低温条件下的电导率都要比传统的 YSZ 电解质高一个数量级。但是 DCO 材料最大的问题是其在还原性气氛下部分的 Ce^{4+} 会被还原成 Ce^{3+},使得体系中产生电子电导,引起单电池部分内短路,这不仅会降低电池的开路电压,还会导致燃料能量的额外损失,带来电池功率的损耗。另外,Ce^{4+} 还原成 Ce^{3+} 还会引起晶格膨胀而导致电解质薄膜机械性能及强度变差,大大影响 SOFC 长期运行的稳定性。自从 Ishihara 等[113-115] 发现 Sr、Mg 共掺杂的 $LaGaO_3$($LSGM$) 具有很高的氧离子电导率,LSGM 体系就成为氧离子导体电解质材料研究的热点之一。但是,由于 Ga 的挥发性使得制备纯相的 LSGM 相对较困难,且在高温煅烧的过程中常会有杂质相的生成,不利于氧离子传导。同时,由于 SOFC 通常使用的大多是 Ni 基阳极,而 LSGM 易于与 NiO 发生反应生成 $LaNiO_3$,使得 LSGM 与阳极之间要加一个过渡层,这些都制约了 Sr、Mg 掺杂的 $LaGaO_3$ 体系的发展。

而与氧离子传导相比,质子传导更容易,且大多数质子导体具有更低的电子电导率,有利于提高电池输出功率和效率[116];作为质子导体,水是在阴极产生的,这有利于电池机械性能的提高[117];质子传导在临近的 2 个氧原子之间,具有相对较低的活化能[118,119],在相对较低的温度下就可以完成质子的产生和氧化反应,极大地降低 SOFC 的工作温度,减少热损失,降低对其他元件及材料的要求,并可拓宽密封连接材料的选择范围,降低电池成本[120];导体质子化程度可随着温度降低而升高,这有利于质子电导和电池性能提高[121]。所有这些使得质子导体材料有望成为中低温 SOFC 的电解质材料而备受关注。

由于固体氧化物质子导体基电解质具有广阔的应用前景和巨大的发展空间,且作为中低温 SOFC 的重要组成部分,它必须具有较高的质子电导率和质子迁移数来保证 H – SOFC 高效率的运行,同时还需具有较高的机械强度与化学相容性,除此之外,还需要有一定的化学稳定性来保证电池的长时间运行,各国研究者对中低温质子导体从制备方法、物化性质、质子导电机理和工业应用等方面进行了广泛的研究,以期发现和优选一些新型、性能稳定、电导率高的质子导体电解质材料,为这类材料在燃料电池、气体传感器等电化学装置的应用提供重要依据。

参考文献

[1] A. Radojkovic, S. M. Savic, N. Jovic, et al. Structural and electrical properties of $BaCe_{0.9}Ee_{0.1}O_{2.95}$ electrolyte for IT – SOFCs[J]. Electrochimica Acta, 2015, 161: 153 – 158.

[2] J. M. Andújar, F. Segura. Fuel cells: History and updating. A walk along two centuries[J]. Renewable and Sustainable Energy Reviews, 2009, 13(9): 2309 – 2322.

[3] A. Lacz, K. Grzesik, P. Pasierb. Electrical properties of $BaCeO_3$ – based composite protonic conductors[J]. Journal of Power Sources, 2015, 279: 80 – 87.

[4] Y. Tsai, S. Chen, J. Wang, et al. Chemical stability and electrical conductivity of $BaCe_{0.4}Zr_{0.4}Gd_{0.1}Dy_{0.1}O_{3-\delta}$ perovskite[J]. Ceramics International, 2015, 41: 10856 – 10860.

[5] D. Konwar, N. T. Q. Nguyen, H. H. Yoon. Evaluation of $BaZr_{0.1}Ce_{0.7}Y_{0.2}O_{3-\alpha}$ electrolyte prepared by carbonate precipitation for a mixed ion – conducting SOFC[J]. International Journal of Hydrogen Energy, 2015, 40: 11651 – 11658.

[6] D. Medvedev, J. Lyagaeva, S. Plaksin, et al. Sulfur and carbon tolerance of BaCeO₃ – BaZrO₃ proton – conducting materials [J]. Journal of Power Sources, 2015, 273:716 – 723.

[7] J. Lagaeva, D. Medvedev, A. Demin, et al. Insights on thermal and transport features of $BaCe_{0.8-x}Zr_xY_{0.2}O_{3-\delta}$ proton – conducting materials [J]. Journal of Power Sources, 2015, 278:436 – 444.

[8] F. Su, C. Xia, R. Peng. Novel fluoride – doped barium cerate applied as stable electrolyte in proton conducting solid oxide fuel cells [J]. Journal of the European Ceramic Society, 2015, 35:3553 – 3558.

[9] J. Bu, P. G. Jönsson, Z. Zhao. Dense and translucent $BaZr_xCe_{0.8-x}Y_{0.2}O_{3-\delta}$ ($x = 0.5, 0.6, 0.7$) proton conductors prepared by spark plasma sintering [J]. Scripta Materialia, 2015, 107:145 – 148.

[10] P. Kim – Lohsoontorn, C. Paichitra, S. Vorathamthongdee. Low – temperature preparation of BaCeO₃ through ultrasonic – assisted precipitation for application in solid oxide electrolysis cell [J]. Chemical Engineering Journal, 2015, 278:13 – 18.

[11] C. Zhang, H. Zhao, N. Xu, et al. Influence of ZnO addition on the properties of high temperature proton conductor $Ba_{1.03}Ce_{0.5}Zr_{0.4}Y_{0.1}O_{3-\delta}$ synthesized via citrate – nitrate method [J]. International Journal of Hydrogen Energy, 2009, 34:2739 – 2746.

[12] B. Lin, Y. Dong, S. Wang, et al. Stable, easily sintered $BaCe_{0.5}Zr_{0.3}Y_{0.16}Zn_{0.04}O_{3-\delta}$ electrolyte – based proton – conducting solid oxide fuel cells by gel – casting and suspension spray [J]. Journal of Alloys and Compounds, 2009, 478:590 – 593.

[13] Z. Zhong. Stability and conductivity study of the $BaCe_{0.9-x}Zr_xY_{0.1}O_{2.95}$ systems [J]. Solid State Ionics, 2009, 178:213 – 220.

[14] N. Taniguchi, C. Nishimura, J. Kato. Endurance against moisture for protonic conductors of perovskite – type ceramics and preparation of practical conduc-

tors[J]. Solid State Ionics, 2001, 145:349 – 355.

[15]S. Wienstrijer, H – D. Wiemhijfer. Investigation of the influence of zirconium substitution on the properties of neodymium – doped barium cerates[J]. Solid State Ionics, 1997, 101 – 103:1113 – 1117

[16]A. K. Azad, J. T. S. Irvine. High density and low temperature sintered proton conductor $BaCe_{0.5}Zr_{0.35}Sc_{0.1}Zn_{0.05}O_{3-\delta}$ [J]. Solid State Ionics, 2008, 179:678 – 682.

[17] K. Xie, R. Yan, X. Xu, et al. A stable and thin $BaCe_{0.7}Nb_{0.1}Gd_{0.2}O_{3-\delta}$ membrane prepared by simple all – solid – state process for SOFC[J]. Journal of Power Sources, 2009, 187:403 – 406.

[18] A. K. Azad, J. T. S. Irvine. Synthesis, chemical stability and proton conductivity of the perovksites $Ba(Ce, Zr)_{1-x}Sc_xO_{3-\delta}$ [J]. Solid State Ionics, 2007, 178:635 – 640.

[19]S. Zhang, L. Bi, L. Zhang, et al. Stable $BaCe_{0.5}Zr_{0.3}Y_{0.16}Zn_{0.04}O_{3-\delta}$ thin membrane prepared by in situ tape casting for proton – conducting solid oxide fuel cells[J]. Journal of Power Sources, 2009, 188:343 – 346.

[20]R. Yan, Q. Wang, G. Chen, et al. A cubic $BaCo_{0.8}Nb_{0.1}Fe_{0.1}O_{3-\delta}$ ceramic cathode for solid oxide fuel cell[J]. Journal of Alloys and Compounds, 2009, 488: L35 – L37.

[21]L. Zhao, B. He, Z. Xun, et al. Characterization and evaluation of $NdBaCo_2O_{5+\delta}$ cathode for proton – conducting solid oxide fuel cells[J]. International Journal of Hydrogen Energy 2010, 35:753 – 756.

[22]R. Glockner, M. S. Islam, T. Norby. Protons and other defects in $BaCeO_3$: a computational study[J]. Solid State Ionics, 1999, 122:145 – 156.

[23]J. Xu, X. Lu, Y. Ding, et al. Stable $BaCe_{0.5}Zr_{0.3}Y_{0.16}Zn_{0.04}O_{3-\delta}$ electrolyte – based proton – conducting solid oxide fuel cells with layered $SmBa_{0.5}Sr_{0.5}Co_2O_{5+\delta}$ cathode[J]. Journal of Alloys and Compounds, 2009, 488:208 – 210.

[24]H. Ding, X. Xue. Novel layered perovskite $GdBaCoFeO_{5+\delta}$ as a potential

cathode for proton – conducting solid oxide fuel cells[J]. International Journal of Hydrogen Energy 2010,35:4311 – 4315.

[25]B. Lin,M. Hu,J. Ma,et al. Stable,easily sintered $BaCe_{0.5}Zr_{0.3}Y_{0.16}Zn_{0.04}O_{3-\delta}$ electrolyte – based protonic ceramic membrane fuel cells with $Ba_{0.5}Sr_{0.5}Zn_{0.2}Fe_{0.8}O_{3-\delta}$ perovskite cathode[J]. Journal of Power Sources,2008,183:479 – 484.

[26]W. Xing,P. I. Dahl,L. V. Roaas,Marie – Laure Fontaine,Yngve Larring,Partow P. Henriksen,Rune Bredesen. Hydrogen permeability of $SrCe_{0.7}Zr_{0.25}Ln_{0.05}O_{3-\delta}$ membranes (Ln = Tm and Yb)[J]. Journal of Membrane Science,2015,473:327 – 332.

[27]T. Shimada,C. Wen,N. Taniguchi,et al. The high temperature proton conductor $BaZr_{0.4}Ce_{0.4}In_{0.2}O_{3-\alpha}$[J]. Journal of Power Sources,2004,131:289 – 292.

[28]Y. Guo,Y. Lin,R. Ran,et al. Zirconium doping effect on the performance of proton – conducting $BaZr_yCe_{0.8-y}Y_{0.2}O_{3-\delta}(0.0 \leqslant y \leqslant 0.8)$ for fuel cell applications[J]. Journal of Power Sources,2009,193:400 – 407.

[29]N. Zakowsky,S. Williamson,J. T. S. Irvine. Elaboration of CO_2 tolerance limits of $BaCe_{0.9}Y_{0.1}O_{3-\delta}$ electrolytes for fuel cells and other applications[J]. Solid State Ionics,2005,176:3019 – 3026.

[30]W. Sun,Z. Shi,S. Fang,et al. A high performance $BaZr_{0.1}Ce_{0.7}Y_{0.2}O_{3-\delta}$ – based solid oxide fuel cell with a cobalt – free $Ba_{0.5}Sr_{0.5}FeO_{3-\delta}Ce_{0.8}Sm_{0.2}O_{2-\delta}$ composite cathode[J]. International Journal of Hydrogen Energy 2009,35:7925 – 7929.

[31]H. Ding,X. Xue. Proton conducting solid oxide fuel cells with layered $PrBa_{0.5}Sr_{0.5}Co_2O_{5+\delta}$ perovskite cathode[J]. International Journal of Hydrogen Energy,2010,35:2486 – 2490.

[32]W. Sun,L. Yan,B. Lin,High performance proton – conducting solid oxide fuel cells with a stable $Sm_{0.5}Sr_{0.5}Co_{3-\delta}$ – $Ce_{0.8}Sm_{0.2}O_{2-\delta}$ composite cathode[J]. Journal of Power Sources,2010,195:3155 – 3158.

[33]H. Ding,X. Xue. A novel cobalt – free layered $GdBaFe_2O_{5+\delta}$ cathode for

proton conducting solid oxide fuel cells[J]. Journal of Power Sources,2010,195: 4139 – 4142.

[34]邵宗平. 中低温固体氧化物燃料电池阴极材料[J].化学进展,2011, 23(2/3):418 – 429.

[35]刘扬,高文元,孙俊才. SOFC 复合阴极材料的研究进展[J].电池, 2006,36(3):234 – 236.

[36]Y. Guo,B. Liu,Q. Yang,et al. Preparation via microemulsion method and proton conduction at intermediate – temperature of $BaCe_{1-x}Y_xO_{3-\alpha}$[J]. Electro- chemistry Communications,2009,11:153 – 156.

[37] C. Chen,G. Ma. Proton conduction in $BaCe_{1-x}Gd_xO_{3-\alpha}$ at intermediate temperature and its application to synthesis of ammonia at atmospheric pressure[J]. Journal of Alloys and Compounds,2009,485:69 – 72.

[38] G. Ma,H. Matsumoto,H. Iwahara. Ionic conduction and nonstoichiometry in non – doped $Ba_xCeO_{3-\alpha}$[J]. Solid State Ionics,1999,122:237 – 247.

[39] G. Ma,T. Shimura,H. Iwahara. Simultaneous doping with La^{3+} and Y^{3+} for Ba^{2+} and Ce^{4+} sites in $BaCeO_3$ and the ionic conduction[J]. Solid State Ionics, 1999,120:51 – 60.

[40] K. Takeuchi,C – K. Loong,Jr J. W. Richardson,et al. The crystal struc- tures and phase transitions in Y – doped $BaCeO_3$: their dependence on Y concentra- tion and hydrogen doping[J]. Solid State Ionics,2000,138:63 – 77.

[41] L. Bi,Z. Tao,W. Sun,et al. Proton – conducting solid oxide fuel cells pre- pared by a single step co – firing process[J]. Journal of Power Sources,2009,191: 428 – 432.

[42] K. Xie,R. Yan,X. Chen,et al. A new stable $BaCeO_3$ – based proton con- ductor for intermediate – temperature solid oxide fuel cells[J]. Journal of Alloys and Compounds,2009,472:551 – 555.

[43] L. Bi,S. Zhang,S. Fang,et al. A novel anode supported $BaCe_{0.7}Ta_{0.1}Y_{0.2}$ $O_{3-\delta}$ electrolyte membrane for proton – conducting solid oxide fuel cell[J]. Electro-

chemistry Communications,2008,10:1598 – 1601.

[44] K. Xie, R. Yan, X. Liu. A novel anode supported $BaCe_{0.4}Zr_{0.3}Sn_{0.1}Y_{0.2}O_{3-\delta}$ electrolyte membrane for proton conducting solid oxide fuel cells[J]. Electro-chemistry Communications,2009,11:1618 – 1622.

[45] M. Oishi ,S. Akoshima ,K. Yashiro,et al. Defect structure analysis of B – site doped perovskite – type proton conductingoxide $BaCeO_3$ Part 2:The electrical conductivity and diffusion coefficient of $BaCe_{0.9}Y_{0.1}O_{3-\delta}$[J]. Solid State Ionics, 2008,179:2240 – 2247.

[46] M. Oishi ,S. Akoshima ,K. Yashiro,et al. Defect structure analysis of B – site doped perovskite – type proton conducting oxide $BaCeO_3$ Part 1:The defect con-centration of $BaCe_{0.9}M_{0.1}O_{3-\delta}$(M = Y and Yb)[J]. Solid State Ionics,2009,180: 127 –131.

[47] Z. Tao,Z. Zhu,H. Wang,et al. A stable $BaCeO_3$ – based proton conductor for intermediate – temperature solid oxide fuel cells[J]. Journal of Power Sources, 2010,195:3481 – 3484.

[48] C. Zuo,S. Zha,M. Liu,et al. $Ba(Zr_{0.1}Ce_{0.7}Y_{0.2})O_{3-\delta}$ as an electrolyte for low – temperature solid – oxide fuel cells[J]. Advanced Materials,2006,18,3318 – 3320.

[49] L. Yang,C. Zuo,S. Wang,et al. A novel composite cathode for low – tem-perature SOFCs based on oxide proton conductors[J]. Advanced Materials,2008, 20,3280 – 3283.

[50] L. Yang,C. Zuo,M. Liu. High – performance anode – supported solid ox-ide fuel cells based on $Ba(Zr_{0.1}Ce_{0.7}Y_{0.2})O_{3-\delta}$(BZCY) fabricated by a modified co – pressing process[J]. Journal of Power Sources,2010,195:1845 – 1848.

[51] 凌意瀚. 基于固体氧化物燃料电池应用的基础研究[D]. 合肥:中国科学技术大学,2013.

[52] 任铁梅. 固体氧化物燃料电池及其材料[J]. 电池,1993,23(4):191 – 194.

[53]迟克彬,李方伟,李影辉,等．固体氧化物燃料电池研究进展[J].天然气化工,2002,4(27):37－43.

[54]郭挺．固体氧化物燃料电池电解质和阳极材料的制备方法及性能研究[D].合肥:中国科学技术大学,2014.

[55]周银,马桂君,刘红芹,等．固体氧化物燃料电池材料的研究进展[J].化工新型材料,2014,3(42):13－18.

[56]李中秋,侯桂芹,张文丽．钙钛矿型固体电解质材料的发展现状[J].河北理工学院学报,2006,1(28):71－73.

[57]程继海,王华林,鲍巍涛．钙钛矿结构固体电解质材料的研究进展[J].材料导报,2008,9(22):22－24.

[58]徐志弘,温廷琏．掺杂 $BaCeO_3$ 和 $SrCeO_3$ 在氧、氢及水气气氛下的电导性能[J].无机材料学报,1994,9(1):122－128.

[59]陈威,王常珍,刘亮．测熔融铝合金中氢活度的传感法研究[J].金属学报,1995,31(7):305－310.

[60]马桂林． $Ba_{0.95}Ce_{0.90}Y_{0.10}O_{3-\alpha}$ 固体电解质的质子导电性[J].无机化学学报,1999,15(6):798－801.

[61]李永峰,董新法,林维明．固体氧化物燃料电池的现状和未来[J].电源技术,2002,26(6):462－465.

[62] O. Yamamoto. Solid oxide fuel cells:fundamental aspects andprospects [J]. Electrochim Acta,2000,45(15):2423－2435.

[63] D. Stöver, H. P. Buchkremer, S. Uhlenbruck. Processing and properties of the ceramic conductive multilayer device solid oxide fuel cell (SOFC)[J]. Ceramics International,2004,30(7):1107－1113.

[64]刘建国,孙公权．燃料电池概述[J].物理学与新能源材料专题,2004,32:79－83.

[65]石金华．磷酸型燃料电池的新用途[J].国外油田工程,2001,5:27－29.

[66]M. Farooque,P. Lund,J. Byrne. The carbonate fuel cell－concept to real-

ity［J］. Wiley Interdisciplinary Reviews Energy & Environment,2014,4（2）:178 –
188.

［67］曹殿学,王贵领,吕艳卓. 燃料电池系统［M］. 北京:北京航空航天大
学出版社,2009:204 – 224.

［68］M. Pokojski. The first demonstration of the 250 – kW polymer electrolye
fuel cell for station application［J］. Journal of Power Sources,2000,86（1）:140
– 144.

［69］W. Vielstich,H. A. Gastiger,A. Lamm. Handbook of Fuel Cells – Funda-
mentals Technonlgy and Applications［M］. New York:John Wiley & Sons Ltd,
2003. 126 – 128.

［70］F. Bacntsch. Liberalisation — challenges and opportunities for fuel cells
［J］. Journal of Power Sources,2000,86（2）:84 – 89.

［71］《2016—2022 年中国燃料电池行业分析及市场深度调查报告》. 智研
咨询集团,2016 年 6 月.

［72］A. Coralli,H. V. D. Miranda,C. F. E. Monteiro,et al. Mathematical model
for the analysis of structure and optimal operational parameters of a solid oxide fuel
cell generator［J］. Journal of Power Sources,2014,269（4）:632 – 644.

［73］孙帆,郑勇,高小龙,等. 固体氧化物燃料电池电解质和电极材料的
研究进展［J］. 金属功能材料,2010,17（4）:75 – 80.

［74］F. Scappin. Integrating a SOFC with a steamcycle［D］. Lyng by:Technical
University of Denmark,2009.

［75］Z. Zhan,S. Wang,S. A. Barnett,et al. A solid oxide cell yielding high
power density below 600℃［J］. RSC Advances,2012,2:4075 – 4078.

［76］彭珍珍,杜洪兵,陈广乐,等. 国外SOFC 研究机构及研发状况［J］. 硅
酸盐学报,2010,38（3）:542 – 548.

［77］D. J. L. Brett,A. Atkinson,N. P. Brandon,et al. Intermediate temperature
solid oxide fuel cells［J］. Chemical Society Reviews,2008,37:1568 – 1578.

［78］A. B. Stambouli,E. Traversa. Solid Oxide Fuel Cells（SOFCs）:A review of an environmentally clean and efficient source of energy[J]. Renewable and Sustainable Energy Reviews,2002,6(5):433 – 455.

[79]毛宗强,王诚. 低温固体氧化物燃料电池[M].1 版. 上海:上海科学技术出版社,2013:87 – 98.

[80]韩敏芳,彭苏萍. 固体氧化物燃料电池材料及其制备[M]. 北京:科学出版社,2004.

[81]江金国,陈文,徐庆,等. 中温固体氧化物燃料电池材料的研究进展[J]. 现代陶瓷技术,2003,23:198 – 200.

[82]M. Sahibzada,S. J. Benson,R. A. Rudkin,et al. Pd – Promoted $La_{0.6}Sr_{0.4}Co_{0.2}Fe_{0.8}O_3$ Cathodes[J]. Solid State Ionics,1998,113 – 115:285 – 290.

[83]F. Liang,J. Chen,S. Jiang,et al. High performance solid oxide fuel cells with electrocatalytically enhanced (La,Sr)MnO_3 cathodes[J]. Electrochemistry Communications,2009,11:1048 – 1051.

[84]S. P. Simner,M. D. Anderson,J. E. Coleman,et al. Performance of a novel La(Sr)Fe(Co)O_3 – Ag SOFC cathode[J]. Journal of Power Sources,2006,161:115 – 122.

[85]黄守国,夏长荣,孟广耀. 中温固体氧化物燃料电池的 Ag – YSB 复合阴极[J]. 材料研究学报,2005,19(1):54 – 58.

[86]A. Grosjean,O. Sanséau,V. Radmilovic,et al. Reactivity and diffusion between $La_{0.8}Sr_{0.2}MnO_3$ and ZrO_2 at interfaces in SOFC cores by TEM analyses on FIB samples[J]. Solid State Ionics,2006,177:1977 – 1980.

[87]S. P. Jiang. A comparison of O_2 reduction on porous (La,Sr)MnO_3 and (La,Sr)(Co,Fe)O_3 electrodes[J]. Solid State Ionics,2002,146:1 – 22.

[88]A. Esquirol,N. P. Brandon,J. A. Kilner,et al. Electrochemical characterization of $La_{0.6}Sr_{0.4}Co_{0.2}Fe_{0.8}O_3$ cathodes for intermediate – temperature SOFCs[J]. Journal of the Electrochemical Society,2004,151(11):A1847 – A1855.

[89]J. Chen,F. Liang,L. Liu,et al. Nano – structured (La,Sr)(Co,Fe)O_3 + YSZ composite cathodes for intermediate temperature solid oxide fuel cells[J]. Jour-

nal of Power Sources,2008,183:586 – 589.

[90]Z. Shao,S. M. Haile. A high – performance cathode for the next generation of solid oxide fuel cells[J]. Nature,2004,431:170 – 173.

[91] V. V. Vashook, I. I. Yushkevich, L. V. Kokhanovsky, et al. Composition and conductivity of some nickelates[J]. Solid State Ionics,1999,119(1 – 4):23 – 30.

[92] H. W. Nie,T. L. Wen,S. R. Wang,et al. Preparation,thermal expansion, chemical compatibility,electrical conductivity and polarization of $A_{2-\alpha}A'_{\alpha}MO_4$ (A = Pr,Sm; A' = Sr; M = Mn,Ni;α = 0. 3,0. 6)as a new cathode for SOFC[J]. Solid State Ionics,2006,177(19 – 25):1929 – 1932.

[93] M. Al. Daroukh, V. V. Vashook, H. Ullmann, et al. Oxides of the AMO_3 and A_2MO_4 – type:structural stability,electrical conductivity and thermal expansion [J]. Solid State Ionics,2003,158:141 – 150.

[94]S. C. Singhal. Advances in solid oxide fuel cell technology[J]. Solid State Ionics,2000,135:305 – 313.

[95]张文强,于波,张平,等. 固体氧化物燃料电池阳极材料研究及其在高温水电解制氢方面的应用[J].化学进展,2006,6:149 – 157.

[96]O. C. Nunes,R. J. Gorte,J. M. Vohs. Comparison of the performance of Cu – CeO₂ – YSZ and Ni – YSZ composite SOFC anodes with H_2,CO,and syngas[J]. Journal of Power Sources,2005,141:241 – 249.

[97] H. Kurikama, T. Z. Sholklapper, C. P. Jacobson, et al. Ceria nanocoating for sulfur tolerant Ni – based anodes of solid oxide fuel cells[J]. Electrochemical Solid – State letter,2007,10:B135 – B138.

[98]S. C. Singhal. Solid oxide fuel cells for stationary,mobile,and military applications[J]. Solid State Ionics,2002,152 – 153:405 – 410.

[99]刘伟明,李胜利,孙良成,等. 固体氧化物燃料电池铬酸镧连接材料研究现状[J].金属热处理,2002,27(11):8 – 10.

[100]J. W. Fergus. Lanthanum chromite – based materials for solid oxide fuel

cell interconnects[J]. Solid State Ionics,2004,171:1 – 15.

[101]S. Bilger,G. Blaβ,R. Förthmann. Sol – gel synthesis of lanthanum chromite powder[J]. Journal of the European Ceramic Society,1997,17(8):1027 – 1031.

[102]卢凤双,张建福,华彬,等. 固体氧化物燃料电池连接体材料研究进展[J]. 金属功能材料,2008,15(6):44 – 48.

[103]B. Zhu,I. Albinsson,C. Andersson,et al. Electrolysis studies based on ceria – based composites[J]. Electrochemistry Communications,2006,8(3):495 –498.

[104]S. C. Singhal. High – temperature solid oxide fuel cells:Fundamentals, design and applications[M]. New York:Elsevier Advanced Technology,2003.

[105]林旭平,徐舜,艾德生,等. 中低温固体氧化物燃料电池电解质材料研究进展[J]. 科技导报,2017,35(8):47 – 53.

[106]李勇,邵刚勤,段兴龙,等. 固体氧化物燃料电池电解质材料的研究进展[J]. 硅酸盐通报,2006,1:42 –45.

[107]Y. Ji,J. Liu,Z. Lv,et al. Study on the properties of Al_2O_3 – doped $(ZrO_2)_{0.92}(Y_2O_3)_{0.08}$ electrolyte[J]. Solid State Ionics,1999,126:277 – 283.

[108]D. J. Brett,A. Atkinson,N. P. Brandon,et al. Intermediate temperature solid oxide fuel cells[J]. Chemical Society Review,2008,37:1568 – 1578.

[109]J. Huang,F. Xie,Z. Mao,et al. Development of solid oxide fuel cell material for intermediate – to – low temperature operation[J]. International Journal of Hydrogen Energy,2012,37(1):877 – 883.

[120]E. D. Wachsman,K. T. Lee. Lowering the temperature of solid oxide fuel cells[J]. Science,2011,334(6058):935 – 939.

[121]B. C. Steele,A. Heinzel. Materials for fuel – cell technologies[J]. Nature,2001,414:345 – 352.

[112]R. M. Ormerod. Solid oxide fuel cells[J]. Chemical Society Reviews, 2003,32:17 – 28.

[113] T. Ishihara, Y. Hiei, Y. Takita, et al. Oxidative reforming of methane using solid oxide fuel cell with LaGaO$_3$ – based electrolyte[J]. Solid State Ionics, 1995,79:371 – 375.

[114] T. Ishihara, M. Honda, T. Shibayama, et al. Intermediate temperature solid oxide fuel cells using a new LaGaO$_3$ based oxide ion conductor – I. Doped SmCoO$_3$ as a new cathode material[J]. Journal of the Electrochemical Society, 1998,145:3177 – 3183.

[115] T. Ishihara, T. Shibayama, S. Ishikawa, et al. Novel fast oxide ion conductor and application for the electrolyte of solid oxide fuel cell[J]. Journal of the European Ceramic Society,2004,24:1329 – 1335.

[116] D. Hirabayashi, A. Tomita, M. Sano, et al. Improvement of a reduction – resistant Ce$_{0.8}$Sm$_{0.2}$O$_{1.9}$ electrolyte by optimizing a thin BaCe$_{1-x}$Sm$_x$O$_{3-\delta}$ layer for intermediate – temperature SOFCs[J]. Solid State Ionics,2005,176(9 – 10):881 –887.

[117] A. Demin, P. Tsiakara. Thermodynamic analysis of a hydrogen fed solid oxide fuel cell based on a proton conductor[J]. International Journal of Hydrogen Energy,2001,26(10):1103 – 1108.

[118] 孙文平. 中低温固体氧化物燃料电池新材料与结构设计及电化学性能研究[D]. 合肥:中国科学技术大学,2013.

[119] J. Hou, J. Qian, L. Bi, et al. The effect of oxygen transfer mechanism on the cathode performance based on proton – conducting solid oxide fuel cells[J]. Journal of Materials Chemistry A,2015,3:2207 – 2215.

[120] Y. Xu, Z. Wen, S. Wang, et al. Cu doped Mn – Co spinel protective coating on ferritic stainless steels for SOFC interconnect applications[J]. Solid State Ionics,2011,192(1):561 – 564.

[121] K. D. Kreuer. Proton – conducting oxides[J]. Annual Review of Materials Research,2003,33:333 – 359.

第2章　质子导体固体电解质的制备方法

质子导体的电学性能、力学性能、热学性能等与其微观晶粒大小、相组成、晶界等有关,这些主要取决于材料的种类和制备方法。质子导体固体电解质常见的制备方法有固相反应法、溶胶 – 凝胶法、柠檬酸 – 硝酸盐燃烧法、甘氨酸 – 硝酸盐法、Pechini 法、共沉淀法、微乳法等。各种制备方法皆有其优缺点,下面将对这些制备方法进行详细的比较、探讨。

2.1　固相反应法

固相反应法(solid state reaction,SSR)是传统的陶瓷制备工艺,常指固体与固体之间发生化学反应生成新的固体产物的过程。该法的特点是反应过程中反应物必须相互充分接触,固体质点之间键力大,且反应需在高温下长时间地进行。因此,将反应物研磨并充分混合均匀,可增大反应物之间的接触面积,使原子或离子的扩散输运比较容易进行,以增大反应速率。高温固相反应法的优点在于操作简便,所需仪器设备较少,材料易得,成本较低,环境污染少,故该方法广泛为研究者所采用。但是该方法的缺点[1]是:(1)由于粉体易发生团聚,很难获得微观均一的相结构;(2)研磨过程往往引入杂质(如磨球和磨罐的碎屑),最终使材料的纯度得不到保证,影响材料性质;(3)机械研磨混合物往往需要较高温度,易造成晶粒的异常"长大",不利于材料的致密性;(4)这种方法制得的陶瓷烧结体其电性能和机械性能往往不能满足应用需要。因此很多研究者也探索其他途径以获得均匀的高性能质子导体。

　　传统的钙钛矿型固体电解质材料的制备多是采用高温固相反应[2-15]，即将相关的金属氧化物（如 ZrO_2、CeO_2 或 Y_2O_3、Yb_2O_3、Eu_2O_3 等）、醋酸盐、硝酸盐或者碳酸盐粉末充分混合，研磨足够长时间后，于空气气氛中在 1200～1400℃煅烧 10 h 以上，使化合物原料变成简单烧结氧化物混合物，烧结氧化物球磨后，等静压成型，再在 1600℃以上保温 10 h 以上进行二次烧结，制得较致密的陶瓷烧结体。

　　Ma 等[2]用高温固相反应法制备了 $Ba_{1-x}La_{0.90-x}Y_{0.10+x}O_{3-\alpha}$（$0 \leqslant x \leqslant 0.4$，$\alpha = 0.05$）。该法将化学计量比的 $Ba(CH_3COO)_2$、CeO_2、La_2O_3 和 Y_2O_3 与乙醇均匀混合后用红外灯烘干并放于坩埚中，将该坩埚放于燃烧炉中至粉体燃烧为止，将得到的前驱体在 1500℃下煅烧 10 h，而后混合乙醇球磨 3 h，过筛后压制成直径 17 mm 的小圆片，在 1650℃烧结 10 h。Ma 等[3]还以 $Ba(CH_3COO)_2$ 和 CeO_2 为原料，采用固相反应法在 1250℃下煅烧 10 h，1650℃烧结 10 h 制备了斜方晶系的钙钛矿型 $Ba_xCeO_{3-\alpha}$（$0.95 \leqslant x \leqslant 1.10$）材料。Matskevich 等[4]以 $SrCO_3$、CeO_2 和 Lu_2O_3 为原料，采用高温固相法制备了斜方晶系的 $SrCe_{0.9}Lu_{0.1}O_{2.95}$ 钙钛矿氧化物。首次利用溶液量热法，通过结合 $SrCe_{0.9}Lu_{0.1}O_{2.95}$ 和 $SrCl_2 + 0.9CeCl_3 + 0.1LuCl_3$ 混合物在 298.15 K、1 M HCl 和 0.1 M KI 溶液中的标准摩尔溶解焓数据及其他相关热力学数据，确定了 $SrCe_{0.9}Lu_{0.1}O_{2.95}$ 的标准摩尔生成焓。同时，$SrCe_{0.9}Lu_{0.1}O_{2.95}$ 钙钛矿氧化物比 $0.9SrCeO_3 + 0.1SrO + 0.05Lu_2O_3$ 混合物的热稳定性更好，Lu_2O_3 的掺杂提高了 $SrCeO_3$ 的热力学稳定性。

$$0.9 SrCeO_3 + 0.1 SrO + 0.05 Lu_2O_3 = Sr Ce_{0.9}Lu_{0.1}O_{2.95}$$

$$\Delta_r G^{\ominus}(298.15K) = -23.6 \pm 9.4 kJ \cdot mol^{-1}$$

　　Takeuchi 等[5]用固相反应法制备多晶试样 $BaCe_{1-x}Y_xO_{3-\alpha}$（$x = 0$、0.1、0.15、0.2、0.25 和 0.3），将适量的 $BaCeO_3$、CeO_2 和 Y_2O_3 加入 2-丙醇后球磨 24 h 形成悬浆液后干燥过筛，将粉体在 800℃的真空（约 3 托 O_2）中煅烧 6 h 后在 1000℃的大气压力下的 O_2 流中煅烧 12 h。第一阶段煅烧后，将粉体球磨再在 1200℃的空气中煅烧 10 h 去除碳酸盐残渣，而后在压制前重复球磨、烘干、过筛几个过程，压制成片后放于铝坩埚中在实验室条件（一般该空气中含约 15

托 H_2O)在1600℃煅烧5 h,用砂纸打磨和铝接触的试样表面后进行中子衍射实验。Xie 等[6]用固相反应法制备 $BaCe_{0.8-x}Nb_xSm_{0.2}O_{3-\alpha}$($x=0$、0.05、0.1),该法将 $BaCO_3$、CeO_2、Sm_2O_3 和 Nb_2O_5 与乙醇混合球磨24 h,干燥后在1300℃空气中烧结24 h。经过在沸水中煮3 h后发现,没有掺杂 Nb 的 $BaCe_{0.8}Sm_{0.2}O_{3-\alpha}$ 明显分解为 CeO_2 和 $BaCO_3$,而掺杂 Nb 的另外两种材料则没有变化。Tao 等[7]用固相反应法制备 $BaCe_{1-x}Ga_xO_{3-\delta}$($x=0.1$、0.2),以 $BaCO_3$、CeO_2 和 Ga_2O_3 为原材料在乙醇中球磨24 h,干燥后在1300℃烧结5 h。马桂林等[8-12]用 $Ba(CH_3COO)_2$、CeO_2、Y_2O_3 按化学计量比称重,湿式混合、烘干、灼烧,然后置于电炉中以1250℃煅烧10 h后经湿式球磨、烘干、过筛,在不锈钢模具中以 2×10^3 kg·cm^{-2} 静水压压制成直径约18 mm 的圆柱体,置于电炉中,以1650℃烧结10 h,即可合成 $BaCe_{0.90}Y_{0.10}O_{3-\alpha}$ 固体电解质,合成路线示意图如图2.1所示。刘魁等[13]以 $BaCO_3$、CeO_2、Y_2O_3、TiO_2 为原料,按所需摩尔比称重,原料湿磨3 h后在空气中自然晾干,再放入电炉中,在900℃预烧5 h。降温后加入1% PVB,再次在无水乙醇介质中球磨3 h,自然晾干、研磨,利用 YP-2 压片机把粉体压制成直径15 mm,厚度1~2 mm 的圆片,之后在250 MPa 条件下等静压,再分别在1500℃、1600℃进行最终烧结,合成了 Ti 和 Y 双掺杂的 $BaCe_{0.8}Y_x Ti_{0.2-x}O_{3-\delta}$ 固体电解质。

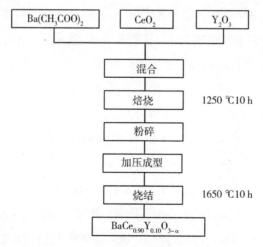

图2.1 固相法合成路线示意图

Wienströer 等[14]将 $BaCO_3$ 和 Ce、Zr、Nd 的金属氧化物直接混合,并将此混合物置于氧化铝坩埚中在 1350℃ 下煅烧 10 h,在 1500℃ 的空气中烧结 12 h 后制备了多晶、致密的 $BaCe_{0.9-x}Zr_xNd_{0.1}O_{2.95}$($0.1 \leq x \leq 0.9$)钙钛矿材料。Azad 等[15]将化学计量的 $BaCO_3$、CeO_2、ZrO_2、ZnO 和 Sc_2O_3 混合后加入丙酮,在氧化锆容器中经球磨后于 950℃ 焙烧,随后压制成片后在 1150℃ 和 1250℃ 煅烧,最终在 1350℃ 烧结制备了多晶 $BaCe_{0.5}Zr_{0.35}Sc_{0.1}Zn_{0.05}O_{3-\delta}$ 试样。该固相反应法得到了理论密度 > 96% 的致密样品。Azad 等[16]还利用固相反应法将化学计量的 $BaCO_3$、CeO_2、ZrO_2 和 Sc_2O_3 混合后加入丙酮,在氧化锆容器中混合球磨后于 950℃ 灼烧后压制成片,随后分别在 1350℃ 和 1450℃ 烧结,烧结最终温度为 1600℃,制备了多晶 $BaCe_{0.45}Zr_{0.45}Sc_{0.1}O_{3-\delta}$ 和 $BaCe_{0.4}Zr_{0.4}Sc_{0.2}O_{3-\delta}$ 试样。Xie 等[17]采用固相反应法在 1300℃ 高温焙烧 24 h 制备了钙钛矿型质子导体 $BaCe_{0.7}Nb_{0.1}Gd_{0.2}O_{3-\delta}$(BCNG)和 $BaCe_{0.8}Gd_{0.2}O_{3-\delta}$(BCG)样品,压制成片后在 1500℃ 下烧结 5 h。将两样品暴露于 700℃ 含 3% CO_2、3% H_2O、94% N_2 的气氛中 20 h,发现 BCNG 具有比 BCG 更好的化学稳定性。Xie 等[18]用固相反应法制备了用于测定其化学稳定性的 $BaCe_{0.5}Zr_{0.3}Y_{0.2}O_{3-d}$ 和 $BaCe_{0.4}Zr_{0.3}Sn_{0.1}Y_{0.2}O_{3-d}$ 试样,该法以 $BaCO_3$、CeO_2、ZrO_2、SnO_2 和 Y_2O_3 混合球磨后在 1200℃ 烧结 10 h。Zuo 等[19]用固相反应法制备 $Ba(Zr_{0.1}Ce_{0.7}Y_{0.2})O_{3-d}$,将适量高纯度的 $BaCO_3$、CeO_2、ZrO_2 和 Y_2O_3 混合球磨 48 h,干燥后于 1100℃ 预煅烧 10 h,然后再球磨 24 h 后于 1150℃ 煅烧 10 h。江虹等[20]采用高温固相法,以 $BaZrO_3$ 为主要基体相,均相复合 $BaCeO_3$,掺杂少量的 Y_2O_3,并添加烧结助剂 ZnO,以期得到具有良好的化学稳定性、机械性能和电导率的电解质基体材料。具体操作是以 $BaCO_3$、CeO_2、Y_2O_3、ZrO_2 为原料,按所需摩尔比称重,球磨 8 h,混合物经过干燥、过筛后,在 1300℃ 煅烧 4 h,得到 $BaZr_{0.90-x}Ce_xY_{0.10}O_{3-\delta}$($x = 0.09$、0.18、0.27)的前驱体粉体,分别记作 C_1、C_2、C_3。将粉体过筛、成型、等静压,将圆柱形生坯试样在 1600℃ 烧结 4 h。再向 C_3 系列粉体中添加 ZnO,添加量分别为 1 mol%、2 mol%、3 mol%、4 mol%,分别记作 C_3-Z_1、C_3-Z_2、C_3-Z_3、C_3-Z_4,再次球磨、干燥、过筛、成型、等静压,然后将试样在 1450℃ 下烧结 6 h,合成 $BaZr_{0.90-x}Ce_xY_{0.10}O_{3-\delta}$($x = 0.09$、0.18、0.27)固体电解质。王茂元等[21-24]以

$Ba(CH_3COO)_2$、CeO_2、ZrO_2 和 La_2O_3 为原料,以无水乙醇为介质进行湿式混合研磨烘干,置于电炉中空气氛下在 1250℃ 预烧 10 h。前驱体粉体经星式球磨机研磨 5 h、烘干、过筛后在不锈钢模具中以 10 MPa 等静水压力压制成直径约为 18 mm、厚度约 2 mm 的圆形薄片,置于电炉中,在空气中 1550℃ 烧结 20 h 合成 $Ba_xCe_yZr_zLa_{0.1}O_{3-\alpha}$ 固体电解质。吕敬德等[25]利用高温固相法制备了 $BaZr_{0.45}Ce_{0.45}Gd_{0.1}O_{3-\delta}$,研究发现在 1600℃ 烧结的样品为纯的钙钛矿结构且高致密,在 800℃ 时的电导率可达到 0.82×10^{-2} S·cm^{-1},该样品对 H_2O 和 CO_2 有很好的稳定性。

2.2 溶胶－凝胶法

溶胶－凝胶法(sol－gel method)是制备材料的湿化学方法中的一种崭新方法。它是一种将各种金属盐按照化学计量比溶于水中,加入定量的有机配体(如柠檬酸、苹果酸、乳酸、乙二醇等)与金属组分离子形成配合物,通过控制反应温度、pH 等条件使其水解形成溶胶,再聚合生成凝胶,历经溶液－溶胶－凝胶而形成空间骨架结构,干燥脱水后,在一定的温度下焙烧得到氧化物或其他化合物的工艺。溶胶－凝胶法通过分子级水平混合,各组分或颗粒可均匀地分散并固定在凝胶体系中,使得制备的样品粒径小、比表面积较大,晶体结构更加均匀。虽然溶胶－凝胶法具有合成温度低,所得目标产物纯度高、比表面积大、分散性好、可容纳不溶性组分或不沉淀性组分等优点。但是该法存在着高温易烧结、干燥时收缩大、对于产物颗粒形貌的控制性差等缺点。

蒋凯等[26]采用溶胶－凝胶法低温制备了 $BaCe_{0.8}Ln_{0.2}O_{2.9}$(Ln = Gd,Sm,Eu)电解质材料,研究结果表明采用溶胶－凝胶法制备的电解质材料在 900℃ 即形成了正交钙钛矿结构,与高温固相法相比,将材料的合成温度降低了约 600℃。在 800℃ 时,$BaCe_{0.8}Gd_{0.2}O_{2.9}$ 的电导率为 78.7 mS·cm^{-1},以它为电解质的氢氧燃料电池的开路电压接近 1 V,最大输出功率密度为 30 mW·cm^{-2}。而 Medvedev 等[27]通过溶胶－凝胶法制备了 $BaCe_{0.9}Gd_{0.1}O_{3-\delta}$,并研究了氧分压对材料导电性的影响。通过研究总电导率与氧分压的关系,进而估计出质子导电、氧离子导电和电子导电对总电导率所做的贡献。发现当温度低于600℃或氧分压小于 10^{-8} atm 时,$BaCe_{0.9}Gd_{0.1}O_{3-\delta}$ 为纯的质子导体。张超等[28]以硝酸盐为原料,乙二醇为络合剂,采用溶胶 – 凝胶法制备了 $SrCe_{0.9}Y_{0.1}O_{3-\delta}$ 电解质薄膜。使用 TG/DSC 对凝胶前驱体的热分解过程进行研究,发现凝胶前驱体是由 $C_3H_3CeO_6$ 和 $Sr(NO_3)_2$ 所构成的;$Sr(NO_3)_2$ 在 630℃分解,并部分生成了 $SrCO_3$ 中间相;$SrCO_3$ 在 865℃分解完全,并与 CeO_2 反应最终得到 $SrCeO_3$。经 900℃ 热处理得到了致密、均匀、无气孔和微裂纹的 $SrCe_{0.9}Y_{0.1}O_{3-\delta}$ 电解质薄膜,为钙钛矿型 $SrCeO_3$ 相。他们还从热力学角度对该过程进行了分析,经热力学计算表明电解质凝胶前驱体生成 $SrCeO_3$ 的热分解反应过程能够达到的最高理论温度为 1455.4℃,高于 $SrCeO_3$ 生成所需的温度 764.6℃,这在热力学上有利于 $SrCeO_3$ 相的生成。Eschenbaum 等[29]采用溶胶 – 凝胶法分别在硅、二氧化硅和不锈钢基体上制备了 $SrZrO_3$ 电解质薄膜,经过 700~1000℃ 热处理后的薄膜为单一 $SrZrO_3$ 相。Kosacki 等[30]同样用溶胶 – 凝胶法合成并在硅和氧化铝基板上使用聚合物前体旋转涂布技术成功制备了厚度为 0.2~2.0 μm 的 $SrCe_{0.95}Yb_{0.05}O_3$ 质子导体薄膜,其热处理温度为 1000℃。陈蓉等[31]分别采用高温固相反应法及溶胶 – 凝胶法合成了 $Ba_{1.03}Ce_{0.8}Gd_{0.2}O_{3-\alpha}$ 固体电解质,测定了两种方法合成样品的结构和在 600~1000℃ 温度范围内的氢 – 空气燃料电池性能。研究结果表明,两种方法合成的 $Ba_{1.03}Ce_{0.8}Gd_{0.2}O_{3-\alpha}$ 固体样品均为钙钛矿型斜方晶结构,但是采用溶胶 – 凝胶法合成的粉体的烧结温度为 1450℃,比高温固相法的烧结温度(1650℃)降低了 200℃,其燃料电池也具有更好的性能。Zhang 等[32]采用溶胶 – 凝胶法制备了 $BaCe_{1-x}Sm_xO_{3-\delta}$($x = 0.01~0.50$),研究了 Sm 掺杂量对 $BaCeO_3$ 性质的影响。研究结果发现,随着 Sm 掺杂量从 1% 增加到 30%,晶粒尺寸从 1 μm 增大到 15 μm(见图 2.2),且所有样品的相对密度均在 95% 左右。无论是晶粒尺寸还是相对密度都要高于传统固相反应法,说明溶胶 – 凝胶法制备的样品具有更高的烧结活性。在 5% H_2/Ar 气氛下,$BaCe_{1-x}Sm_xO_{3-\delta}$ 的晶界和晶粒电导率均随着 Sm 掺杂量的增多而增大,当 $x = 0.2$ 时达到最大值,随后电导率随着掺杂量的增多而减小。在

600℃时 $BaCe_{0.8}Sm_{0.2}O_{3-\delta}$ 的电导率达到 $0.017\ S\cdot cm^{-1}$。

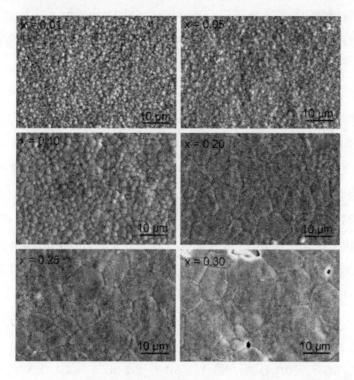

图 2.2　$BaCe_{1-x}Sm_xO_{3-\delta}$ 的 SEM 图

2.3　Pechini 法

Pechini 法是一种制备高纯纳米级陶瓷粉料的方法。1967 年,Pechini[33] 申请了一项制备钛酸盐、铌酸盐等电容器陶瓷粉体的专利。它主要是通过酯化反应来制备铅和碱土金属的钛酸盐、铈酸盐、铌酸盐以及它们的任意组分和比例混合的化合物的方法。在 Pechini 方法中,金属离子与至少含有一个羧基的 α 羟基羧酸如柠檬酸和乙醇酸之间,形成多元螯合物。该螯合物在加热过程中与有多功能基团的醇如乙二醇,发生聚酯化反应。进一步加热产生粘性树脂,然后得到透明的刚性玻璃状凝胶,最后生成细的氧化物粉体[34]。由于阳离子与有机酸发生化学反应而均匀地分散在聚合物树脂中,能保证原子水平的混合,在相对较低的温度下生成均一、单相的超细氧化物粉末。后来,淀粉或者聚乙烯醇等有机高分子聚合物也被用作溶液法制备复合氧化物粉体的原位固定剂。

王力[34]采用 Pechini 法制备了 $BaCe_{0.9-x}Zr_xM_{0.1}O_{3-\delta}$(M = Gd,Nd)陶瓷粉体,其实验制备流程图如图 2.3 所示。Bi 等[35]用 Pechini 法和固相反应法相结合制备 $BaCe_{0.7}Ta_{0.1}Y_{0.2}O_{3-\delta}$(BCTY10)粉体,该法以 $Ba(NO_3)_2$、$Ce(NO_3)_3 \cdot 6H_2O$ 和 $Y(NO_3)_3$ 为原材料,按照化学计量比溶解后加入柠檬酸作络合剂,柠檬酸与金属离子的摩尔比为 1.5:1,再加入 Ta_2O_5(~ 17 μm),随后将混合溶液加热搅拌蒸发至凝胶状灼烧成灰,球磨 24 h 后在 1000℃煅烧 3 h 制得 BCTY10 粉体。将 NiO 与 BCTY10 粉体混合制成多孔的 NiO – BCTY10 阳极,将 $La_{0.7}Sr_{0.3}FeO_{3-\delta}$(LSF)与 $BaCe_{0.7}Zr_{0.1}Y_{0.2}O_{3-\delta}$(BZCY7)混合制成多孔阴极,以 BCTY10 为电解质(25 μm)最终制得单电池在 700℃时最大功率密度为 195 mW·cm^{-2}。Lin 等[36]用改进的 Pechini 法制备 $BaCe_{0.5}Zr_{0.3}Y_{0.16}Zn_{0.04}O_{3-\delta}$(BCZYZn)电解质粉体。该法是以柠檬酸盐和乙二胺四乙酸(EDTA)作络合剂,将 $Ba(NO_3)_3 \cdot 9H_2O$、$Ce(NO_3)_3 \cdot 6H_2O$、$Zr(NO_3)_3 \cdot 4H_2O$、Y_2O_3、ZnO 溶于 EDTA – NH_3 水溶液,加热搅拌成凝胶状后灼烧成灰,之后在空气中以 100℃·h^{-1} 的加热速率在 850~1100℃范围内煅烧 5 h 形成粉体。然后将在 1000℃煅烧 5 h 的粉体加入乙醇球磨 24 h 后干燥压制成片,在空气中以加热速率 100℃·h^{-1} 在 1150~1250℃范围内烧结。研究结果表明,采用 Pechini 法在 1200℃煅烧 5 h 制备的 BCZYZn 电解质材料表现出更高的烧结活性,材料的相对密度达到 97.4%,相比于没有锌掺杂剂的样品烧结温度约低了 200℃。Xu 等[37]采用 Pechini 法制备 $BaCe_{0.5}Zr_{0.3}Y_{0.16}O_{3-\delta}$(BZCYZ)电解质粉体。以柠檬酸盐和乙二胺四乙酸(EDTA)作络合剂,将 Y_2O_3、ZnO 溶于柠檬酸中,$Ba(NO_3)_3 \cdot 9H_2O$、$Ce(NO_3)_3 \cdot 6H_2O$、$Zr(NO_3)_3 \cdot 4H_2O$ 溶于 EDTA – NH_3 水溶液中,混合加热搅拌成凝胶状后灼烧成灰,再在空气中 700℃煅烧 5 h。阳极支撑的双层 BZCYZ 电解质用一步干压/共灼烧法制备,将 NiO、BCZYZ 和淀粉按重量比 60%:40%:20% 在 250 MPa 下压制作阳极基质,将制备好的疏松

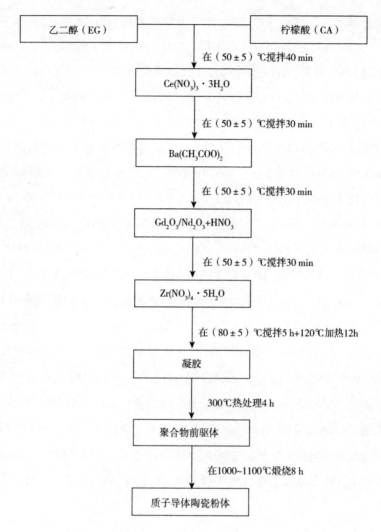

图2.3 Pechini 法制备 BaCe$_{0.9-x}$Zr$_x$M$_{0.1}$O$_{3-\delta}$（M = Gd, Nd）陶瓷粉体

BZCYZ 分散于该阳极基质上,在 250MPa 下压制后并于 1250℃烧结 5 h 形成致密 BZCYZ 薄膜。而多层的 SmBa$_{0.5}$Sr$_{0.5}$Co$_2$O$_{5+\delta}$（SBSC）阴极也使用 Pechini 法以 Sm（NO$_3$）$_3$·6H$_2$O、Ba（NO$_3$）$_2$·9H$_2$O、Sr（NO$_3$）$_2$ 和 Co（NO$_3$）$_2$·6H$_2$O 为原料,制得的 SBSC 于 1000℃煅烧 10 h,将 SBSC 和 10 wt.% 的乙基纤维素 – 松油醇黏接剂混合制备阳极悬浆,而后将此涂于 BZCYZ 电解质薄膜上于 1000℃煅烧 3 h 制成 NiO – BCZYZ/BCZYZ/SBSC 单电池。Ding 等[38-40]用改进的 Pechini 法制备 $BaZr_{0.1}Ce_{0.7}Y_{0.2}O_{3-\delta}$（BZCY7）电解质粉体，该法以 $Ba(NO_3)_3 \cdot 9H_2O$、$Ce(NO_3)_3 \cdot 6H_2O$、$Zr(NO_3)_3 \cdot 4H_2O$、Y_2O_3 为原料，以柠檬酸盐、乙二胺四乙酸（EDTA）作络合剂，EDTA：柠檬酸：总金属阳离子（摩尔比）= 1：1.5：1，混合物加热搅拌成凝胶状后灼烧成灰，在 1100℃ 空气氛中煅烧 5 h 形成粉体。随后，采用 Pechini 法分别制备了 $GdBaCoFeO_{5+\delta}$（GBCF）粉体、$PrBa_{0.5}Sr_{0.5}Co_2O_{5+d}$（PBSC）粉体和 $GdBaFe_2O_{5+d}$（GBF）粉体，并将这些粉体制成阳极悬浆涂覆在 BZCY7 电解质薄膜上，于 1000℃ 煅烧 3 h 后分别制成了 NiO – BCZY7/BCZY7/GBCF 单电池、NiO – BCZY7/BZCY7/PBSC 单电池 和 NiO – BCZY7/BZCY7/GBF 单电池。Su 等[41] 采用改进的 Pechini 法制备了 $BaCe_{0.8}Y_xNd_{0.2-x}O_{3-\delta}$ 系列材料，经过 1400℃ 煅烧后，晶粒尺寸为 1~2 μm。在 300~800℃ 范围内，相比于单元素掺杂的 $BaCeO_3$，Y、Nd 共掺杂的电解质材料具有更高的电导率，其中 $BaCe_{0.8}Y_{0.15}Nd_{0.05}O_{3-\delta}$ 电解质的电导率最高。Sawant 等[42] 采用 Pechini 法合成了 $BaCe_{0.8-x}Zr_xY_{0.2}O_{3-\delta}$（$x$ = 0.0, 0.2, 0.4, 0.6, 0.8）一系列质子导体电解质材料。经由 XRD 图谱计算得出，其晶格参数随着 Zr^{4+} 含量的增加而减小。研究表明，该系列 $BaCe_{0.8-x}Zr_xY_{0.2}O_{3-\delta}$ 材料在 $x \geqslant 0.4$ 时在 CO_2 气氛下表现出良好的化学稳定性，x = 0.4 时为比较理想的质子导体电解质材料。Khan 等[43] 用改进的 Pechini 法制备了 $Ba_{0.5}Sr_{0.5}Ce_{0.6}Zr_{0.2}Gd_{0.1}Y_{0.1}O_{3-\delta}$ 质子导体电解质材料。研究发现该电解质在湿氢气氛中 700℃ 离子电导率约 8×10^{-3} S·cm^{-1}，在 1200℃ 的纯 CO_2 气氛中表现出比 $BaZr_{0.3}Ce_{0.5}Y_{0.1}Yb_{0.1}O_{3-\delta}$ 电解质好得多的化学稳定性。

2.4　柠檬酸 – 硝酸盐燃烧法

柠檬酸 – 硝酸盐燃烧法（citrate nitrate combustion，CNC）是将溶胶 – 凝胶法和低温自燃烧法结合起来，同时兼顾了溶胶 – 凝胶法及低温燃烧法的优点，可制备出高反应活性的粉体。该方法的优点包括：（1）较低的反应温度，一般为室温或稍高于室温，大多数有机活性分子可以引入此体系中并保持其物理和化学性质;(2)反应在溶液中进行,均匀度高,对多组分体系其均匀度可达分子或原子级;(3)由于制备陶瓷样品的粉体经过溶液、溶胶、凝胶几个阶段,能避免杂质的引入,最终产品的纯度较高;(4)自燃后能得到蓬松、表面活性大的纳米粉体;(5)烧成温度比传统固相反应有较大降低,保温时间也缩短许多;(6)化学计量比准确,对于材料微观结构和性质有重要影响。

南怡晨[44]采用柠檬酸－硝酸盐燃烧法合成 $BaCe_{0.8}In_{0.1}Y_{0.1}O_{3-\delta}$（BCIY），其合成流程图如图 2.4 所示。按化学计量比称取 $Ba(NO_3)_2$、$Ce(NO_3)_3 \cdot 6H_2O$、$Y(NO_3) \cdot 6H_2O$、$In(NO_3)_3 \cdot 5H_2O$ 溶于适量的去离子水中,混合搅拌 30min 后加入金属离子摩尔量 1.5 倍的柠檬酸,用氨水调节 pH 至 7,形成黄色溶液。然后加热搅拌,使其充分络合并除去多余的水分,等到溶液变得较少时移至蒸发皿中,并将蒸发皿置于电炉上加热,溶液逐渐变成胶状而后迅速燃烧,燃烧完全后得到灰白色初级粉体。将初级粉体在 1000℃ 下煅烧 5 h,得到白色粉体。通过与 $BaCe_{0.9}Y_{0.1}O_{3-\delta}$（BCY）电解质材料相比较,发现 In 的掺杂可以极大地提高电解质样品的烧结活性。通过对 BCIY 电解质样品和 BCY 电解质样品在 CO_2 和沸水中分别处理3h 后的结构分析,发现 In 的掺杂对化学稳定性的提高也有一定的作用。

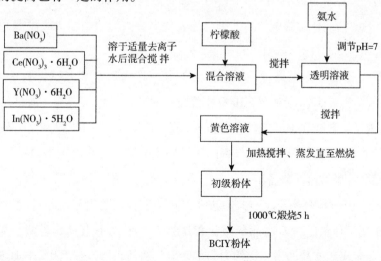

图 2.4　柠檬酸－硝酸盐燃烧法合成 $BaCe_{0.8}In_{0.1}Y_{0.1}O_{3-\delta}$（BCIY）粉体流程图

Radojkovi 等[45]以 $Ba(NO_3)_2$、Eu_2O_3、$Ce(NO_3)_2 \cdot 6H_2O$、柠檬酸为起始物，通过柠檬酸-硝酸盐自燃烧法合成 $BaCe_{0.9}Eu_{0.1}O_{2.95}$ 纳米粉体。Su 等[46]以 $Ba(CH_3COO)_2$、BaF_2、$Ce(NO_3)_3 \cdot 6H_2O$、$Sm(NO_3)_3$ 为原料，用柠檬酸-硝酸盐燃烧法合成 F 掺杂的 $BaCe_{0.8}Sm_{0.2}O_{3-\delta}$（BCSF）粉体。先称取适量的 BaF_2 溶于柠檬酸溶液中，$Ba(CH_3COO)_2$、$Ce(NO_3)_3 \cdot 6H_2O$ 和 $Sm(NO_3)_3$ 加入到上述溶液中，BaF_2、$Ba(CH_3COO)_2$、$Ce(NO_3)_3 \cdot 6H_2O$ 和 $Sm(NO_3)_3$ 的摩尔比为 0.05 : 0.95 : 0.8 : 0.2，用 NH_4OH 调节溶液 pH 约为 7，然后将该溶液加热形成黏性的溶胶，继续煅烧至成灰末后，再在 1100℃ 下加热 2 h 去除碳残渣后制得氟掺杂的 $BaCe_{0.8}Sm_{0.2}O_{3-\delta}$ 粉体。Fabbri 等[47]采用柠檬酸-硝酸盐燃烧法合成了 Pr 掺杂的 $BaZr_{0.7}Pr_{0.1}Y_{0.2}O_{3-\delta}$（BZPY）质子导体电解质材料，研究了样品的化学稳定性和质子导电性，发现 BZPY 在 1500℃ 烧结 8 h 后为致密的单一钙钛矿相结构，晶粒平均尺寸为 1.7μm。Shi 等[48]采用柠檬酸-硝酸盐法制备了 $BaCe_{0.8}Sm_xY_{0.2-x}O_{3-\delta}$ 系列粉体，研究了 Sm、Y 的共掺杂对 $BaCeO_3$ 的烧结性能和电性能的影响。XRD 谱图和 Raman 光谱显示制得的样品为斜方晶系的钙钛矿结构，SEM 图显示经 1500℃ 烧结 5 h 后的 $BaCe_{0.8}Sm_xY_{0.2-x}O_{3-\delta}$ 系列电解质材料的烧结性能随着 Sm 掺杂量的增加而得到显著提高（见图 2.5），其中以 $BaCe_{0.8}Sm_{0.1}Y_{0.1}O_{3-\delta}$ 为电解质的单电池表现出最大的功率输出密度和较好的短期稳定性。

范宝安等[49]采用络合-燃烧法以柠檬酸作为络合剂和燃料制备了 $BaZr_{0.68}Ce_{0.17}Y_{0.15}O_{2.925}$ 粉体，经 1000℃ 煅烧后就得到了单相产物。通过均相掺杂，实现了锆酸盐和铈酸盐的优势互补，改变掺杂比例，可以得到具有较好的力学性能、烧结性能及晶界电导率的质子导体电解质材料。Medvedev 等[50]采用柠檬酸-硝酸盐法制备了 $BaCe_{0.8-x}Zr_xY_{0.2}O_{3-\delta}$ 粉体。该法以 $Ba(NO_3)_2$、$Ce(NO_3)_3 \cdot 6H_2O$、$Y(NO_3)_3 \cdot 6H_2O$、CuO、Co_3O_4 和柠檬酸为起始原料，混合均匀后溶于化学计量比的 Zr 的含氧酸盐和甘油中，柠檬酸和甘油作为螯合剂和络合剂，与金属硝酸盐的摩尔比约为 0.5 : 1.5 : 1，将所得溶液在 100℃ 下加热搅拌 0.5 h 后滴加 NH_4OH 调节溶液的 pH 值至 8~9，之后在 250℃ 下加热蒸发后形

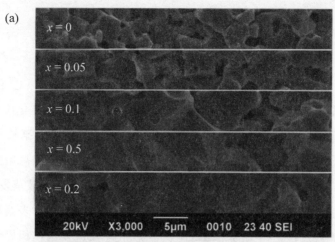

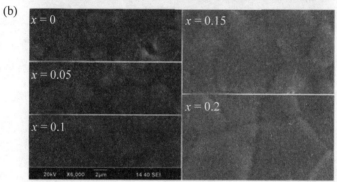

图 2.5 $BaCe_{0.8}Sm_xY_{0.2-x}O_{3-\delta}(0 \leqslant x \leqslant 0.2)$ 在 1500℃

烧结 5 h 后的 SEM 图

成凝胶,最后自动燃烧得到灰色或者黑色粉体,随后粉体在 700℃ 空气中燃烧 1 h 除去有机残渣,再在 1150℃ 煅烧 5 h 形成单相产品。Lyagaeva 等[51] 采用柠檬酸 – 硝酸盐法在 1450℃ 煅烧 5 h 制备了致密的相对密度高达 98% 的 Dy 掺杂 $BaCe_{0.5}Zr_{0.3}Dy_{0.2}O_{3-\delta}$(BCZD)复合电解质材料,且与 NiO – BCZD 和 $La_2NiO_{4+\delta}$ – BCZD 电极具有较好的化学相容性和热相容性,研究了其在湿空气和湿氢气氛下的电导率,分别为 19 mS·cm^{-1} 和 13 mS·cm^{-1}。

2.5　甘氨酸－硝酸盐合成法

甘氨酸－硝酸盐合成法(glycine nitrate process,GNP)是以氧化还原混合物为原料的低温燃烧合成方法。GNP 法一般是以分析纯的金属硝酸盐为氧化剂,以甘氨酸等有机物为燃料,按一定的化学计量比将各种硝酸盐用去离子水溶解混合,然后加入一定量的甘氨酸并加热搅拌,使前驱体溶液蒸发浓缩,直到发生自燃烧反应,得到的前驱粉体经研磨、低温热处理后可得表面积较大的粉体。其燃烧过程是典型的非均匀体系燃烧,化学反应发生在相界面。甘氨酸除作为燃料外,还起络合剂的作用,防止材料在燃烧前不均匀沉淀。该法的优点是点火温度低(150～500℃)、燃烧火焰温度低(1000～1400℃),燃烧时会产生大量的气体,有助于大比表面积的纳米超细粉体生成[52]。与柠檬酸或硝酸盐热分解法相比,其初始点燃温度较低,燃烧反应更迅速,产物纯度更高(残碳含量＜0.5%),组分偏析更小。

Tsai 等[53]用甘氨酸－硝酸盐湿法合成 $BaCe_{0.4}Zr_{0.4}Gd_{0.1}Dy_{0.1}O_{3-\delta}$(BC-ZGD)粉体。该法将 $Ba(NO_3)_2$、$Ce(NO_3)_3 \cdot 6H_2O$、$ZrO(NO_3)_3 \cdot 6H_2O$、$Dy(NO_3)_3 \cdot 5H_2O$、$Gd(NO_3)_3 \cdot 6H_2O$ 溶于去离子水中和甘氨酸混合后在 60℃下加热 4 h,随后在 450℃处理使之自燃烧反应形成 BCZGD 前驱粉体,将该前驱粉体放于 1300℃的熔炉中煅烧 10 h 后球磨 24 h 并过 200 目筛,随后在440 MPa 下单轴静压制成直径为 13 mm 的圆球,最后 1450℃烧结 24 h 后形成850 μm 厚的圆盘,而后机械抛光去除表面氧化物。Yang 等[54]分别用固相反应法(SSR)和甘氨酸－硝酸盐法(GNP)制备了 $Ba(Zr_{0.1}Ce_{0.7}Y_{0.2})O_{3-d}$(BZCY)。SSR 法是称取一定量的 $BaCO_3$、CeO_2、ZrO_2 和 Y_2O_3 混合球磨 48 h 后,60℃干燥24 h 后在 1100℃煅烧 10 h,然后与前面条件一样再次球磨和再次煅烧,重复上述步骤两遍获得纯相;GNP 法是称取一定量的 $Ba(NO_3)_2$、$Ce(NO_3)_3$、$Y(NO_3)_3$ 和 $ZrO(NO_3)_2$ 溶于去离子水中,加入甘氨酸,其中硝酸盐:甘氨酸的摩尔比为 1.5:1,而后加热,将溶液蒸发至呈凝胶状后燃烧成灰,将粉灰 900℃

烧 2 h 制得 BZCY 粉体。对 BZCY 烧结体和 BZCY 支撑的阳极膜在湿氢气氛的燃料电池条件下测试电导率,其中 BZCY 烧结体在 1350℃和 1550℃烧结 10 h,而在 SSR/SSR 和 GNP/SSR 电池中的电解质膜在 1350℃烧结 6 h。结果发现 GNP/SSR 电池中的电解质膜在 700℃时的电导率为 0.025 S·cm^{-1},比 SSR/SSR 电池中电解质膜或是在 1350℃烧结 10 h 的 BZCY 烧结体的电导率大得多,这可能是由于电解质样品的多孔性差异引起的(见图2.6)。

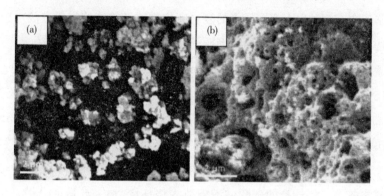

图2.6 不同方法制备的 BZCY 粉末的 SEM 图

(a)固相反应法;(b)甘氨酸-硝酸盐法

2.6 共沉淀法

共沉淀法(Co-precipitation method,CP)是在按化学计量比混合的金属盐溶液(含有两种或两种以上的金属离子)中加入合适的沉淀剂(如 OH^-、CO_3^{2-} 等),反应生成较均匀的沉淀。将溶液中原有的阴离子洗去,得到多组分沉淀物,即为前驱体。所得前驱体在空气中于一定温度下烧结后得到高纯细微颗粒。共沉淀的目标是通过形成中间沉淀物制备多组分陶瓷氧化物,这些中间沉淀物通常是草酸盐、碳酸盐、水合氧化物等。共沉淀法由于是溶液、离子级别的混合,克服了固态反应法混合不均的缺点,几个组分同时沉淀,各组分达到分子级的均匀混合,因而制得的纳米粉体化学成分均一、粒度小而且较均匀。共沉淀法要保证所有组分阳离子沉淀完全,即能得到组分均匀的多组分混合物,从而保证煅烧产物的均匀性,并可降低烧结温度。但是,沉淀的生成受溶液中 pH 分布、各成分的生成速率、沉淀粒子大小、密度、搅拌情况等因素的影响。若控制不好这些因素,例如沉淀剂的加入有可能会使局部浓度过高,则会出现颗粒大小不均匀,沉淀不彻底,或出现颗粒团聚等现象。总的来说,共沉淀法具有制备工艺简单、成本低、制备条件易于控制、合成周期短等优点,它是制备含有两种以上金属元素的复合氧化物纳米粉体的主要方法之一。共沉淀法被广泛应用于制备钙钛矿型质子导体。

孟波等[55]分别采用共沉淀法和 Pechini 低温燃烧法制备了 $Sr_{0.9}Ce_{0.9}Y_{0.1}$ $O_{3-\delta}$(SCY)超细陶瓷粉,并研究了两种方法制备的 SCY 粉体的物相、粒度、粒径分布和烧结性能。具体过程为:将 $Sr(NO_3)_2$、$Ce(NO_3)_3 \cdot 6H_2O$、$Y(NO_3)_3 \cdot 6H_2O$ 和碳酸铵分别配制成一定浓度的溶液,按 $Sr_{0.9}Ce_{0.9}Y_{0.1}O_{3-\delta}$ 的化学计量的金属离子比例移取适量的各金属盐溶液在烧杯中混合均匀后转移到滴定管中。将计量的碳酸铵溶液放入烧杯中,加入计量的分散剂 PG 或(SDBS)混合均匀。在搅拌下慢慢将金属盐溶液滴加到碳酸铵和分散剂的混合溶液中得到淡黄色的沉淀,继续陈化一定时间后,减压过滤、洗涤,再在 80~100℃的温度下干燥。干燥后的沉淀物放入电阻炉于空气气氛中不同的温度下煅烧一定时间得到 SCY 超细陶瓷粉体。研究结果表明,用 Pechini 法溶胶低温燃烧制备的 SCY 粉体为近似球形、粒径小于 50nm,粒度分布范围窄,在1250℃烧结致密,烧结体相对密度达到 96.8%;用共沉淀法制备的粉体具有钙钛矿结构,粒径小于 0.25μm、粒度分布窄,在 1300℃烧结致密,烧结体相对密度高于 96%(见图 2.7 和图 2.8)。此外,SCY 致密膜具有一定的透氢作用,在 850℃时,Pechini 低温燃烧法制备的粉体致密烧结体的最大氢渗透通量为 2.03×10^{-3} $mL \cdot cm^{-2} \cdot min^{-1}$,共沉淀法制备的粉体致密烧结体的最大氢渗透通量为 $1.92 \times 10^{-3} mL \cdot cm^{-2} \cdot min^{-1}$。

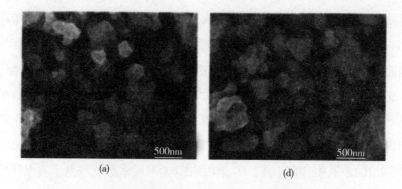

(a)   (d)

图 2.7 共沉淀法制备的 $Sr_{0.9}Ce_{0.9}Y_{0.1}O_{3-\delta}$ 陶瓷粉体的 SEM 图

（a）PG 作分散剂；（b）SDBS 作分散剂

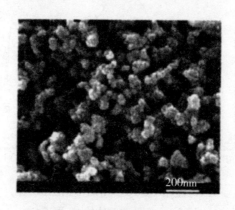

图 2.8 Pechini 低温燃烧法制备的 $Sr_{0.9}Ce_{0.9}Y_{0.1}O_{3-\delta}$

陶瓷粉体的 SEM 图

高筠等[56]采用共沉淀法以 $ZrOCl_2 \cdot 8H_2O$、Y_2O_3、$BaCl_2$ 为原料,草酸铵 - 氨水为沉淀剂,制备了 $BaZr_{1-x}Y_xO_{3-\delta}$ 粉体。用红外光谱和 X 射线衍射等分析手段对前驱体沉淀和最终粉体进行了研究。IR 光谱结果表明,在 3443 cm^{-1} 处的宽大吸收峰为—OH 的伸缩振动(草酸分子中该谱带频率为 3420 cm^{-1});在 1683 cm^{-1} 处的强吸收峰为 $C=O$ 伸缩振动(草酸分子中该谱带频率为 1700 cm^{-1}),与标准草酸图谱对照发生了红移;以及在 485 cm^{-1} 处 $Zr-O$ 伸缩振动谱峰的出现,证明了 Zr^{4+} 与羧基氧原子成键,形成了 $ZrOC_2O_4 \cdot 2H_2O$。由于经 SO_4^{2-} 检测知 Ba^{2+} 已完全沉淀,且沉淀剂中只有 $C_2O_4^{2-}$ 能与 Ba^{2+} 形成沉淀,因此可推断在沉淀中含 $BaC_2O_4 \cdot xH_2O$ 成分。在 pH = 9、溶液中金属离子浓度为 $0.5 \text{ mol} \cdot \text{L}^{-1}$,加入 0.4% PEG400(质量分数,下同)和 0.2% PEG4000 作为复合表面活性剂的工艺条件下,可以得到组分均匀、分散性好的前驱体沉淀(见图 2.9)。沉淀产物经 1250℃煅烧 10 h 后,得到了晶型单一的立方相钙钛矿型粉体。通过测定粉体的晶格常数和对真密度进行分析,发现 Y^{3+} 的引入形成缺位型固溶体 $BaZr_{1-x}Y_xO_{3-\delta}$,$Y^{3+}$ 在 $BaZrO_3$ 基体中的固溶限度为 15 ~ 20 mol% (见图 2.10)。其中,$BaZr_{0.9}Y_{0.1}O_{2.95}$ 样品在 800℃时水蒸气气氛下的电导率为 $1.71 \times 10^{-4} \text{ S} \cdot \text{cm}^{-1}$。

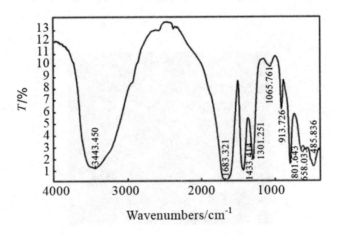

图 2.9　沉淀前躯体的 IR 图谱

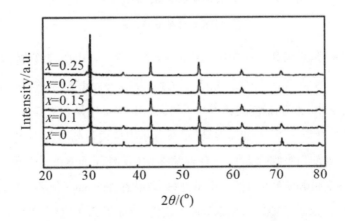

图 2.10　共沉淀法制备的 $BaZr_{1-x}Y_xO_{3-\delta}$ 的 XRD 图谱

2.7　微乳液法

微乳液法(microemulsion method,ME)是一种制备成分均匀、致密陶瓷粉体的湿化学方法。两种互不相溶的溶剂在表面活性剂的作用下形成乳液,在微泡中经成核、聚结、团聚、热处理后得纳米粒子。通常根据合成陶瓷样品的化学计量比分别称取相应的醋酸盐原料,制得相应醋酸盐溶液,将一定量的作为油相如环己烷,和一定量的作为助表面活性剂的醇类的混合溶液加入上述金属离子的溶液中,再加入少量表面活性剂如 PEG,搅匀后便为微乳液 A。微乳液 B 类似于微乳液 A。将一定量的作为油相如环己烷和一定量的作为助表面活性剂的醇类混合溶剂加入到一定量的$(NH_4)_2CO_3 - NH_4OH$(浓度依微乳液 A 中金属离子总量而定,确保金属离子沉淀完全)的混合溶液中,同样再加入少量表面活性剂,搅匀后便为微乳液 B。在水浴搅拌下,将微乳液 B 慢慢地滴加到微乳液 A 中,在滴加的过程中,白色沉淀会逐渐出现,并越来越多,待沉淀完全后,停止搅拌并静置,然后过滤,将得到前驱体的初级纳米粉体。此法优点是全程为溶液,各成分混合均匀,化学计量比准确;共沉淀反应在微反应器中进行,更均一。

Guo 等[57]采用微乳液法制备 $BaCe_{1-x}Y_xO_{3-a}$($x = 0.05$、0.10、0.15、0.20)陶瓷粉体。其中,乳剂 A:将化学计量的 $Ba(C_2H_3O_2)_2$、$Ce(C_2H_3O_2)_3$、$Y(C_2H_3O_2)_3 \cdot 4H_2O$ 搅拌溶于去离子水中,然后将适量的环乙烷(作油相)、无水乙醇(作助活性剂)、聚乙烯乙二醇 PEG(作表面活性剂)加入搅拌。乳剂 B:包括$(NH_4)_2CO_3 - NH_4OH$(作共沉淀剂)、环乙烷、无水乙醇、聚乙烯乙二醇 PEG,而后将 B 倒入 A 中搅拌,将生成的白色悬浆过滤干燥,在 1150 ~ 1200℃ 中煅烧10 h 后在无水乙醇中球磨干燥过筛,将制得的陶瓷粉体压制后在 1500℃ 中煅烧 10 h 后制成 $BaCe_{1-x}Y_xO_{3-a}$ 片。研究发现,Y 掺杂量为 0.15 时的 $BaCe_{0.85}Y_{0.15}O_{3-a}$ 试样具有最高的质子导电率,其电导率在 600℃、湿氢气氛下为104 mS·cm^{-1}。Ma 等[58,59]用微乳法制备 $BaCe_{1-x}Gd_xO_{3-a}$($0.05 \leqslant x \leqslant 0.20$)陶

瓷粉体和 $BaCe_{1-x}Dy_xO_{3-a}(0.05 \leqslant x \leqslant 0.20)$ 陶瓷粉体,流程图如图 2.11 所示。乳剂 A:将化学计量分析纯的 $Ce(CH_3COO)_3$、$Ba(CH_3COO)_2$ 和 $Dy(NO_3)_3$ 搅拌溶于去离子水中,然后将适量的环乙烷(作油相)、正丁醇(作助表面活性剂)、聚乙烯乙二醇 4000,即 PEG4000(作表面活性剂)加入搅拌。乳剂 B:包括 $(NH_4)_2CO_3 - NH_3 \cdot H_2O$(作共沉淀剂),而后在 60℃ 下将 B 倒入 A 中搅拌,将生成的白色悬浆过滤干燥,在 1000℃ 中煅烧 10 h 后球磨,压制后在 1500℃ 中煅烧 10 h。王洪涛等[60] 使用微乳液法制备了 $SrCe_{0.85}Er_{0.15}O_{3-a}$ 前驱体,在 1100℃ 下灼烧 5 h 得到 $SrCe_{0.85}Er_{0.15}O_{3-a}$ 粉体。并将 $SrCe_{0.85}Er_{0.15}O_{3-a}$ 与 NaCl、KCl 共熔体混合,充分研磨后压片,于 750℃ 灼烧 1 h 制得 $SrCe_{0.85}Er_{0.15}O_{3-a} -$ NaCl - KCl 复合电解质。通过对其中温电性能进行研究,发现复合电解质在 700℃ 时最大输出功率密度为 304 $mW \cdot cm^{-2}$。

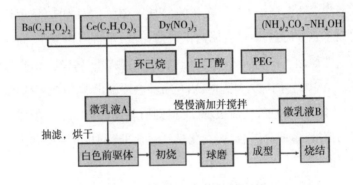

图 2.11　微乳液法制备样品流程图

2.8　流延法

流延法(tape casting)是制备薄膜陶瓷的一种重要的工艺方法,又称刮刀成型法(knife coating)。其通常过程是,在陶瓷粉料中添加溶剂、分散剂、黏接剂和塑性剂等有机成分,经过球磨或者超声分散的方法制得分散均匀稳定的浆料。然后将制备好的陶瓷浆料经过筛、除气后,从料斗上部流到流延机的基带上,通过基带与刮刀的相对运动形成素坯,在表面张力的作用下,形成光滑的具有一定厚度的素坯膜,素坯膜再经过干燥、排塑和烧结制得所需材料膜。图2.12所示为流延机上成膜的示意图。

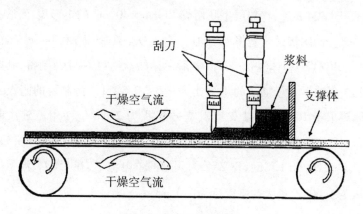

图2.12　流延示意图

流延成型法的优点主要有:相对 EVD、CVD 等化学成型法而言,制作成本低;与干压法相比,材料利用率高,材料性能更一致、更稳定;因膜材料呈二维薄平分布,材料缺陷尺寸小;可根据不同的粉体性能要求,采用适合的配方,保证浆料的均匀分散与稳定,方便地制得各种不同组分的叠层复合材料。流延法制备电解质薄膜的厚度一般为 25～200 μm。流延成型工艺在制备大面积陶瓷厚膜及薄膜方面具有突出的技术和经济优势。近些年来,流延法在制备阳极支撑薄膜电解质的平板式 SOFC 部件上得到了很迅速的发展和应用,引起了国内外研究者的重视。

Zhang 等[61]使用原位流延/共烧法制备了 $BaCe_{0.5}Zr_{0.3}Y_{0.16}Zn_{0.04}O_{3-\delta}$(BC-ZYZ)电解质作为固体氧化物燃料电池的质子导体。该法以 $BaCO_3$、CeO_2、ZrO_2、Y_2O_3、ZnO 作为原料制备电解质材料,使用 $BaCO_3$、CeO_2、Y_2O_3、ZrO_2、ZnO、NiO、石墨作为原料制备阳极材料。流延悬浆液通过两步球磨过程:第一步,将所有的金属氧化物和金属碳酸盐粉体均匀分散在乙醇/2 - 丁酮溶剂中,以三乙醇胺为分散剂进行球磨;第二步,添加聚乙烯醇缩丁醛(PVB)、聚乙二醇(PEG)、二丁基邻苯甲酸酯(DBP)作为黏接剂和塑化剂继续球磨,以制得具有适当黏度的悬浆。流延过程也包括两步:首先,将经真空脱气后的电解质悬浆用刮刀浇铸在 Mylar 薄膜上(厚度约 0.05 mm),干燥后制得电解质生胚;其次,将经真空脱气后的阳极悬浆浇铸在干燥的电解质生胚上(厚度约 2.5 mm),干燥 24 h 后,将双层生胚切成 40 mm×40 mm 的矩形片,而后在不同温度下共烧。而阴极悬浆是将 $LaSr_3Co_{1.5}Fe_{1.5}O_{10-d}$(LSCF)和 $BaCe_{0.5}Zr_{0.3}Y_{0.16}Zn_{0.04}O_{3-\delta}$(BCZYZ)粉体混合采用甘氨酸 – 硝酸盐法(GNP 法)制备,其中混合粉体:乙基纤维素:松油醇的重量比为 0.5:0.5:1。将制得的阴极悬浆涂于电解质膜上于 1000℃ 烧结 3 h,其有效面积为 2 cm^2。使用流延法制得的 $BaCe_{0.5}Zr_{0.3}Y_{0.16}Zn_{0.04}O_{3-\delta}$ 电解质具有高致密的钙钛矿结构(如图 2.13),在以 $LaSr_3Co_{1.5}Fe_{1.5}O_{10-d}$(LSCF)/BCZYZ 为阴极的单电池中,在 650℃、湿氢气氛中开路电压为 1.00 V,最大功率密度为 247 $mV \cdot cm^{-2}$。

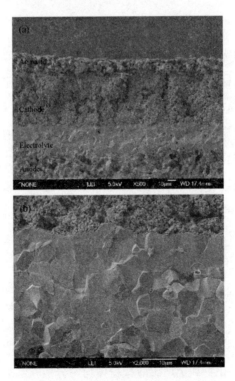

图 2.13　单电池的微观结构

(a)单电池的横截面 SEM 图;(b)电解质与阴极界面处放大 SEM 图

　　Lin 等[62]应用凝胶 – 流延法制备了阳极支撑的 NiO – BZCYZn,该法是先以 BaCO$_3$、ZrO$_2$、CeO$_2$、Y$_2$O$_3$ 和 ZnO 作为前驱体合成致密的 BaCe$_{0.5}$Zr$_{0.3}$Y$_{0.16}$Zn$_{0.04}$O$_{3-d}$(BZCYZn)电解质。并且以 NiO : BZCYZn = 6 : 4 的比例将混合物粉末在乙醇中球磨 24 h 后 80℃干燥,与有机单体(丙烯酰胺 – AM : N,N – 二甲基丙烯酰胺 – MBAM = 5 : 1)在水溶液中混合,将此悬浆和(NH$_4$)$_2$S$_2$O$_8$ 倒入磨具中后于 80℃烤箱中 1 h,将溶胶切成圆盘在 80℃干燥 24 h 备用。用于 BZCYZn 薄膜的悬浆氧化物 BaCO$_3$、ZrO$_2$、CeO$_2$、Y$_2$O$_3$ 和 ZnO 通过加压旋转法涂在 NiO – BZCYZn 阳极上。具体步骤是将 BZCYZn 分布于乙醇中球磨 24 h 形成 10 wt. %的 BZCYZn 悬浆,以 10 wt. %的三乙醇胺作分散剂,二丁基 – 邻苯二甲酸酯(DBP)、5 wt. %的聚乙烯乙二醇作塑化剂,并加入 5 wt. %的聚乙烯丁缩醛(PVB)作黏接剂,旋转过程中加热处理,双层电解质和阳极支撑在 1350℃烧结 5 h。制得的 BZCYZn 薄膜完全致密,颗粒大小均匀,尺寸 3 – 5 μm(如图2.14)。SrCo$_{0.9}$Sb$_{0.1}$O$_{3-d}$(SCS)粉体是以 Sb$_2$O$_3$、SrCO$_3$ 和 Co$_3$O$_4$ 作前驱体,采用流延法制备,而后在 1100℃烧结 10 h。将 SCS 悬浆涂于电解质上后在 1000℃烧结 3 h 即形成多孔阴极。在以立方钙钛矿结构的 SCS 为阴极,致密的 BZCYZn 为电解质的单电池中(如图 2.15),以氢气为燃料,空气为氧化剂,在 700℃、湿氢气氛中开路电压为 0.987 V,最大功率密度为 364 mW · cm^{-2},电极的极化电阻低至 0.07 Ω · cm^2。

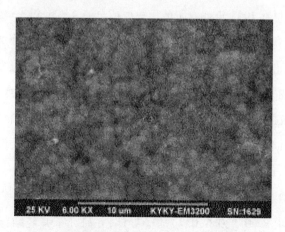

图 2.14　新制备的阳极支撑的 BZCYZn 电解质的表面 SEM 图

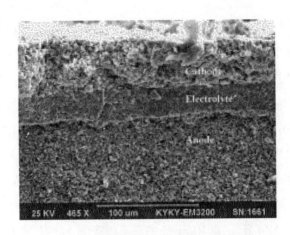

**图 2.15 NiO – BZCYZn/BZCYZn/SCS 单
电池测试后的剖面 SEM 图**

2.9 火花等离子体烧结法

火花等离子体烧结法(spark – plasma sintering method,SPS)制备工艺是近些年来发展起来的一种新型快速烧结技术,它具有烧结时间短、能精确地控制烧结温度等优点。火花等离子体烧结法最早源于应用电流的活化烧结法,虽然近年来广泛使用放电等离子烧结方法是通过商业化可用性产生的设备,但其起源较早。早在1933年就有了使用放电或电流来帮助粉末烧结或金属烧结方法的相关专利发表[63,64]。在 SPS 制备过程中,胚体试样中的空气在外电场的作用下发生击穿,从而产生火花放电,发生电离现象,释放出大量的等离子体,高速运动的等离子体撞击到粉体颗粒的表面,能够除去表面氧化膜或吸附的气体,与传统的烧结工艺相比,粉体颗粒表面更容易纯化和活化。因为 SPS 烧结过程中,升温速度极快,由于升温过程时间短,晶粒来不及长大,所以能够得到细晶组织,提高材料性能[65]。

Bu 等[66]用火花等离子体烧结法在 1350℃制备了致密、半透明的 $BaZr_x$ $Ce_{0.8-x}Y_{0.2}O_{3-\delta}(x=0.5,0.6,0.7)$质子导体,并研究了其烧结行为,该制备方法不需要使用烧结助剂。首先用固相反应法和结合冷冻干燥法的水基研磨法

合成 $BaZr_xCe_{0.8-x}Y_{0.2}O_{3-\delta}(x=0.5,0.6,0.7)$ 粉体。粉体在第三代火花等离子体烧结炉中进行几次烧结。预处理过程中的预烧温度和压力分别为 600℃ 和 0.6 MPa,并保持 3 min;之后的烧结温度和压力分别增加至 1350℃(升温速率约 100℃·min⁻¹) 和 1.3 MPa,并保持 7.5 min,随后在此条件下继续保持 5 min;之后自然冷却,由于外在的冷却系统,样品约 5 min 从 1350℃ 降温到 400℃,冷却速率大于 200℃/min;最后将样品在 1350℃ 的空气中热处理 2 h 后得到最终的 $BaZr_xCe_{0.8-x}Y_{0.2}O_{3-\delta}$ 质子导体。在 1350℃ 烧结 5 h 的 $BaZr_{0.5}Ce_{0.3}Y_{0.2}O_{3-\delta}(x=0.5,BZCY532)$,$BaZr_{0.6}Ce_{0.2}Y_{0.2}O_{3-\delta}(x=0.6,BZCY622)$ 和 $BaZr_{0.7}Ce_{0.1}Y_{0.2}O_{3-\delta}(x=0.7,BZCY712)$ 质子导体的 XRD、SEM、EDS,如图 2.16 所示。Bu 等还在湿氢气氛中测定三者的质子电导率,其在 600℃ 的阻抗谱显示三者的质子电导率分别为 2.6 mS·cm⁻¹、0.44 mS·cm⁻¹ 和 0.16 mS·cm⁻¹,

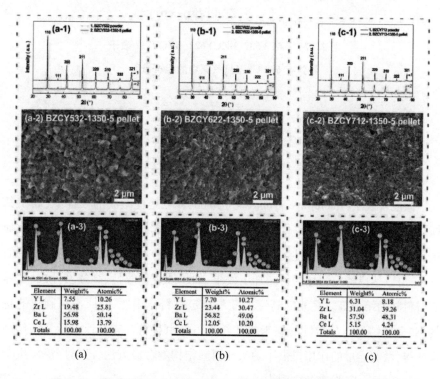

图 2.16　1350℃烧结 5 h 的 BZCY 质子导体的 XRD、SEM、EDS 图

(a)BZCY532;(b)BZCY622;(c)BZCY712

这为它们在中温固体氧化物燃料电池(ITSOFCs)中作为有前景的质子导体奠定了基础(见图2.17)。

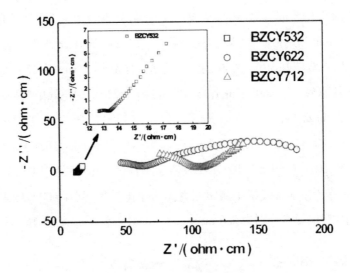

图 2.17　BZCY532、BZCY622、BZCY712 质子
导体在 600℃,湿氢气氛中的阻抗谱图

2.10　微波合成法

微波合成法(microwave synthesis method,MS)是在微波的条件下,利用其加热快速、均质与选择性等优点,应用于现代有机合成研究中的技术。微波加热具有快速、均质与选择性的特点,通过设计特殊的微波吸收材料与微波场的分布,可以达成特定区域的材料加工效果,如粉体表面改性、高致密性成膜、异质材料间的结合等。微波的高穿透性与特定材料作用性,使原不易制作的材料,如良好结晶与分散性的纳米粉体粒子可经由材料合成设计与微波场作用来获得,微波能量的作用提供了纳米材料新结构的合成方法,已被广泛应用于各种材料的合成、加工的应用中。

微波合成法具有如下特点:(1)加热速度快。由于微波能够深入物质的内部,而不是靠物质本身的热传导,因此只需要常规方法 $1/10 \sim 1/100$ 的时间就可完成整个加热过程。(2)热能利用率高,节省能源,无公害,有利于改善劳动条件。(3)反应灵敏。常规的加热方法不论是电热、蒸汽、热空气等,要达到一定的温度都需要一段时间,而利用微波加热,调整微波输出功率,物质加热情况立即无惰性地随着改变,这样便于自动化控制。(4)产品质量高。微波加热温度均匀,表里一致,对于外形复杂的物体,其加热均匀性也比其他加热方法好。对于有的物质还可以产生一些有利的物理或化学作用。

徐秀廷等[67]将微波合成法用于 $SrCeO_3$ 的合成,并在很短的时间内(30 ~ 50 min)得到了具有很好烧结性能的单相 $SrCeO_3$ 样品。具体操作是把等摩尔的 CeO_2 和 $Sr(OH)_2 \cdot 8H_2O$ 研磨混合均匀后装入容积为 20 ml 的坩埚内,再将此坩埚放入另一容积为 80 ml 的坩埚中,在两坩埚间填充入 Fe_2O_3 作为加热介质。随后把它们放入 E100E 微波炉(频率 2450 MHz,最大输出功率 700 W)中,在不同功率下加热一定的时间,冷却后即制得所需 $SrCeO_3$ 样品。其中,微波加热功率和反应时间对样品中物相的影响如表 2.1 所示。从表 2.1 中可见,在时间一定的情况下,微波功率过小时反应物不发生反应,这是因为体系的温度过低,不足以引发反应,随着微波加热功率逐渐提高,反应渐趋完全,至 490 W 时得到纯相的 $SrCeO_3$,功率再增大则发生烧结现象。固定加热功率,研究反应时间的影响,发现虽然微波合成反应很快,但反应仍是逐渐进行的,并不显示突变性。

表 2.1　微波加热功率和反应时间对样品中物相的影响

Sample No.	Microwave power/W	Reaction time/min	Phases in products
1	350	30	CeO_2 + unreacted phase
2	420	30	$SrCeO_3$ + impurity
3	490	30	$SrCeO_3$ (powder)
4	560	30	$SrCeO_3$ (sintered)
5	490	20	$SrCeO_3$ + impurity

Sample No.	Microwave power/W	Reaction time/min	Phases in products
6	490	30	$SrCeO_3$ (powder)
7	490	40	$SrCeO_3$ (powder)
8	490	50	$SrCeO_3$ (sintered)

2.11　熔盐合成法

熔盐合成法(molten salt synthesis,MSS)简称熔盐法,是采用一种或数种低熔点的盐类作为反应介质,合成反应以原子级在高温熔融盐中完成。反应结束后,将熔融盐冷却,采用合适的溶剂将盐类溶解,经过滤洗涤后即可得到合成产物。由于低熔点盐作为反应介质,合成过程中有液相出现,加快了离子的扩散速率,使反应物在液相中实现原子尺度混合,反应就由固-固反应转化为固-液反应。相对于常规固相法而言,利用熔盐法合成氧化物材料具有合成温度较低、操作简单、合成的粉体化学成分均匀、晶体形貌好、物相纯度高等优点。另外,盐易分离,也可重复使用。

Li 等[68]以 $CaCl_2$、Na_2CO_3、ZrO_2 为原料,以 $NaCl-Na_2CO_3$ 熔盐提供的液相为介质制备 $CaZrO_3$。在加热过程中,$CaCl_2$ 与 Na_2CO_3 反应生成 $NaCl$ 和 $CaCO_3$,$NaCl-Na_2CO_3$ 熔盐提供了一个液相环境,作为 $CaCO_3$(或 CaO)和 ZrO_2 的反应介质,在1050℃原位反应5 h得到 $CaZrO_3$。在 700℃ 时 $CaZrO_3$ 开始形成,且随着温度和反应时间的增加,$CaCO_3$(或 CaO)和 ZrO_2 的量逐渐减少,$CaZrO_3$ 的生成量逐渐增大。将熔融盐冷却后,采用热的蒸馏水将样品中的盐类溶解,经过滤、洗涤后得到了粒径为 0.5 ~ 1.0 μm 的合成产物。其合成反应机理如图2.18 所示。与传统高温固相法相比,该方法提供了一种熔融液相体系,可以降低反应温度(约150℃),缩短反应时间。

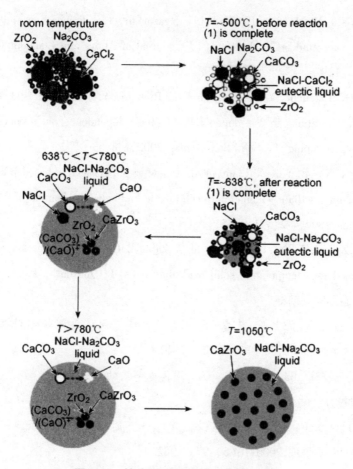

图2.18 熔盐法制备锆酸钙原理示意图

参考文献

[1] Y. Arachi, M. Suzuki, T. Asai, et al. High – temperature structure of Sc$_2$O$_3$ – doped ZrO$_2$ [J]. Solid State Ionics, 2004, 175(1 – 4): 119 – 121.

[2] G. Ma, T. Shimura, H. Iwahara. Simultaneous doping with La^{3+} and Y^{3+} for Ba^{2+} and Ce^{4+} sites in BaCeO$_3$ and the ionic conduction [J]. Solid State Ionics, 1999, 120: 51 – 60.

[3] G. Ma, H. Matsumoto, H. Iwahara. Ionic conduction and nonstoichiometry in non – doped Ba$_x$CeO$_{3-\alpha}$ [J]. Solid State Ionics, 1999, 122: 237 – 247.

[4] N. I. Matskevich, Th. Wolf, I. V. Vyazovkin, et al. Preparation and stability of a new compound $SrCe_{0.9}Lu_{0.1}O_{2.95}$[J]. Journal of Alloys and Compounds, 2015, 628:126 – 129.

[5] K. Takeuchi, C – K. Loong, Jr J. W. Richardson, et al. The crystal structures and phase transitions in Y – doped $BaCeO_3$: their dependence on Y concentration and hydrogen doping[J]. Solid State Ionics, 2000, 138:63 – 77.

[6] K. Xie, R. Yan, X. Chen, et al. A new stable $BaCeO_3$ – based proton conductor for intermediate – temperature solid oxide fuel cells[J]. Journal of Alloys and Compounds, 2009, 472:551 – 555.

[7] Z. Tao, Z. Zhu, H. Wang, et al. A stable $BaCeO_3$ – based proton conductor for intermediate – temperature solid oxide fuel cells[J]. Journal of Power Sources, 2010, 195:3481 – 3484.

[8] 马桂林, 仇立干, 陈蓉. $Ba_xCe_{0.8}Y_{0.2}O_{3-\alpha}$ 固体氧化物燃料电池性能[J]. 化学学报, 2002, 60 (12):2135 – 2140.

[9] 马桂林. $Ba_{0.95}Ce_{0.90}Y_{0.10}O_{3-\alpha}$ 固体电解质的质子导电性[J]. 无机化学学报, 1999, 15(6):798 – 801.

[10] 仇立干, 马桂林. $Ba_{0.95}Ce_{0.90}Y_{0.10}O_{3-\alpha}$ 固体电解质的氧离子导电性[J]. 无机化学学报, 2000, 16(6):978 – 982.

[11] 马桂林, 贾定先, 马桂林. $BaCe_{0.9}Y_{0.1}O_{3-\alpha}$ 固体电解质燃料电池性能[J]. 化学学报, 2000, 58(11):1340 – 1344.

[12] 马桂林, 仇立干, 贾定先, 等. $BaCe_{0.8}Y_{0.2}O_{3-\alpha}$ 固体电解质的离子导电性及其燃料电池性能[J]. 无机化学学报, 2001, 17 (6):853 – 858.

[13] 刘魁, 戴磊, 唐晓微, 等. Ti 和 Y 双掺杂的 $BaCeO_3$ 的制备和电性能研究[J]. 功能材料, 2010, 41(1):51 – 54.

[14] S. Wienströer, H – D. Wiemhöfer. Investigation of the influence of zirconium substitution on the properties of neodymium – doped barium cerates[J]. Solid State Ionics, 1997, 101 – 103:1113 – 1117.

[15] A. K. Azad, J. T. S. Irvine. High density and low temperature sintered proton

conductor $BaCe_{0.5}Zr_{0.35}Sc_{0.1}Zn_{0.05}O_{3-\delta}$ [J]. Solid State Ionics, 2008, 179:678 – 682.

[16] A. K. Azad, J. T. S. Irvine. Synthesis, chemical stability and proton conductivity of the perovksites $Ba(Ce, Zr)_{1-x}Sc_xO_{3-\delta}$ [J]. Solid State Ionics, 2007, 178:635 – 640.

[17] K. Xie, R. Yan, X. Xu, et al. A stable and thin $BaCe_{0.7}Nb_{0.1}Gd_{0.2}O_{3-\delta}$ membrane prepared by simple all – solid – state process for SOFC [J]. Journal of Power Sources, 2009, 187:403 – 406.

[18] K. Xie, R. Yan, X. Liu. A novel anode supported $BaCe_{0.4}Zr_{0.3}Sn_{0.1}Y_{0.2}$ $O_{3-\delta}$ electrolyte membrane for proton conducting solid oxide fuel cells [J]. Electrochemistry Communications, 2009, 11:1618 – 1622.

[19] C. Zuo, S. Zha, M. Liu, et al. $Ba(Zr_{0.1}Ce_{0.7}Y_{0.2})O_{3-\delta}$ as an electrolyte for low – temperature solid – oxide fuel cells [J]. Advanced Materials. 2006, 18:3318 – 3320.

[20] 江虹, 郭瑞松, 徐江海, 等. 氧化钇掺杂锆铈酸钡质子导体的制备及性能研究[J]. 无机材料学报, 2012, 27(12):1256 – 1260.

[21] 王茂元, 仇立干, 马桂林. $BaCe_{0.7}Zr_{0.2}La_{0.1}O_{3-\alpha}$ 陶瓷的制备和导电性 [J]. 无机化学学报, 2008, 24(3):357 – 362.

[22] 王茂元, 仇立干, 左玉香. $BaCe_{0.5}Zr_{0.4}La_{0.1}O_{3-\alpha}$ 陶瓷的制备及其电性能[J]. 化学学报, 2009, 67(12):1349 – 1354.

[23] 仇立干, 王茂元. 非化学计量组成 $Ba_{1.03}Ce_{0.5}Zr_{0.4}La_{0.1}O_{3-\alpha}$ 的化学稳定性和离子导电性[J]. 化学学报, 2010, 68(3):276 – 282.

[24] 王茂元, 仇立干. $BaCe_{0.8}Zr_{0.1}La_{0.1}O_{3-\alpha}$ 陶瓷的制备和电性能研究[J]. 化学研究与应用, 2011, 23(8):1051 – 1056.

[25] 吕敬德, 王岭, 樊丽华, 等. 高温质子导体 $BaZr_{0.45}Ce_{0.45}Gd_{0.1}O_{3-\delta}$ 的性能及制备[J]. 中国有色金属学报, 2008, 18(2):307 – 311.

[26] 蒋凯, 何志奇, 王鸿燕, 等. $BaCe_{0.8}Ln_{0.2}O_{2.9}$ (Ln = Gd, Sm, Eu) 固体电解质的低温制备及其燃料电池性质[J]. 中国科学(B 辑), 1999, 29(4):355 – 360.

[27] D. A. Medvedev, E. V. Gorbova, A. K. Demin, et al. Conductivity of Gd –

doped BaCeO$_3$ protonic conductor in H$_2$ – H$_2$O – O$_2$ atmospheres[J]. International Journal of Hydrogen Energy,2014,39(36):21547 – 21552.

[28]张超,李帅,刘晓鹏,等. 质子导体电解质薄膜的溶胶凝胶法制备[J].稀有金属,2012,36(6):936 – 941.

[29]J. Eschenbaum,J. Rosenberger,R. Hempelmann,et al. Thin films of proton conducting SrZrO$_3$ – ceramics prepared by the sol – gel method[J]. Solid State Ionics,1995,77(1):222 – 225.

[30] I. Kosacki, H. U. Anderson. The structure and electrical properties of SrCe$_{0.95}$Yb$_{0.05}$O$_3$ thin film protonic conductors[J]. Solid State Ionics,1997,97(1 – 4):429 – 436.

[31]陈蓉,马桂林. Ba$_{1.03}$Ce$_{0.8}$Gd$_{0.2}$O$_{3-\alpha}$固体电解质的合成及其燃料电池性能[J].苏州大学学报(自然科学版),2006,22(4):74 – 76.

[32]C. Zhang,H. Zhao,S. Zhai. Electrical conduction behavior of proton conductor BaCe$_{1-x}$Sm$_x$O$_{3-\delta}$ in the intermediate temperature range[J]. International Journal of Hydrogen Energy,2011,36(5):3649 – 3657.

[33]M. P. Pechini,US Patent No. 3. 330. 697,11 July 1967.

[34]王力. BaCe$_{0.9-x}$Zr$_x$M$_{0.1}$O$_{3-\delta}$(M = Gd,Nd)质子导体的制备和性能研究[D].杭州:浙江工业大学材料学,2007.

[35]L. Bi,S. Zhang,S. Fang,et al. A novel anode supported BaCe$_{0.7}$Ta$_{0.1}$Y$_{0.2}$O$_{3-\delta}$ electrolyte membrane for proton – conducting solid oxide fuel cell[J]. Electrochemistry Communications,2008,10:1598 – 1601.

[36]B. Lin,M. Hu,J. Ma,et al. Stable,easily sintered BaCe$_{0.5}$Zr$_{0.3}$Y$_{0.16}$Zn$_{0.04}$O$_{3-\delta}$ electrolyte – based protonic ceramic membrane fuel cells with Ba$_{0.5}$Sr$_{0.5}$Zn$_{0.2}$Fe$_{0.8}$O$_{3-\delta}$ perovskite cathode[J]. Journal of Power Sources, 2008, 183(2):479 – 484.

[37]J. Xu,X. Lu,Y. Ding,et al. Stable BaCe$_{0.5}$Zr$_{0.3}$Y$_{0.16}$Zn$_{0.04}$O$_{3-\delta}$ electrolyte – based proton – conducting solid oxide fuel cells with layered SmBa$_{0.5}$Sr$_{0.5}$Co$_2$O$_{5+\delta}$ cathode[J]. Journal of Alloys and Compounds,2009,488:208 – 210.

［38］H. Ding , X. Xue. Novel layered perovskite $GdBaCoFeO_{5+\delta}$ as a potential cathode for proton – conducting solid oxide fuel cells［J］. International Journal of Hydrogen Energy, 2010, 35 : 4311 – 4315.

［39］H. Ding, X. Xue. Proton conducting solid oxide fuel cells with layered Pr-$Ba_{0.5}Sr_{0.5}Co_2O_{5+\delta}$ perovskite cathode［J］. International Journal of Hydrogen Energy, 2010, 35 : 2486 – 2490.

［40］H. Ding, X. Xue. A novel cobalt – free layered $GdBaFe_2O_{5+\delta}$ cathode for proton conducting solid oxide fuel cells［J］. Journal of Power Sources, 2010, 195 : 4139 – 4142.

［41］X. Su, Q. Yan, X. Ma, et al. Effect of co – doped addition on the properties of yttrium and neodymium doped barium cerate electrolyte［J］. Solid State Ionics, 2006, 177(11 – 12) : 1041 – 1045.

［42］P. Sawant, S. Varma, B. N. Wani, et al. Synthesis, stability and conductivity of $BaCe_{0.8-x}Zr_xY_{0.2}O_{3-\delta}$ as electrolyte for proton conducting SOFC［J］. International Journal of Hydrogen Energy, 2012, 37 : 3848 – 3856.

［43］M. N. Khan, C. D. Savaniuc, A. K. Azad, et al. Wet chemical synthesis and characterisation of $Ba_{0.5}Sr_{0.5}Ce_{0.6}Zr_{0.2}Gd_{0.1}Y_{0.1}O_{3-\delta}$ proton conductor［J］. Solid State Ionics, 2017, 303 : 52 – 57.

［44］南怡晨. BaCeO₃基质子导体固体氧化物燃料电池电解质的掺杂研究［D］. 郑州 : 郑州大学凝聚态物理, 2016.

［45］A. Radojkovic, S. M. Savic, N. Jovic, et al. Structural and electrical properties of $BaCe_{0.9}Ee_{0.1}O_{2.95}$ electrolyte for IT – SOFCs［J］. Electrochimica Acta, 2015, 161 : 153 – 158.

［46］F. Su, C. Xia, R. Peng. Novel fluoride – doped barium cerate applied as stable electrolyte in proton conducting solid oxide fuel cells［J］. Journal of the European Ceramic Society, 2015, 35 : 3553 – 3558.

［47］E. Fabbri, L. Bi, H. Tanaka, et al. Chemically stable Pr and Y co – doped barium zirconate electrolytes with high proton conductivity for intermediate temperature solid oxide fuel cells[J]. Advanced Functional Materials, 2011, 21:158 – 166.

[48] Z. Shi, W. Sun, Z. Wang, et al. Samarium and yttrium codoped $BaCeO_3$ proton conductor with improved sinterability and higher electrical conductivity[J]. ACS Applied Materials & Interfaces, 2014, 6(7):5175 – 5182.

[49] 范宝安, 何灏彦, 易冬亚. 络合 – 燃烧法制备 $BaZr_{0.68}Ce_{0.17}Y_{0.15}O_{2.925}$ 质子导体[J]. 电源技术, 2006, 30(4):278 – 281.

[50] D. Medvedev, J. Lyagaeva, S. Plaksin, et al. Sulfur and carbon tolerance of $BaCeO_3$ – $BaZrO_3$ proton – conducting materials[J]. Journal of Power Sources, 2015, 273:716 – 723.

[51] J. Lyagaeva, N. Danilov, G. Vdovin, et al. A new Dy – doped $BaCeO_3$ – $BaZrO_3$ proton – conducting material as a promising electrolyte for reversible solid oxide fuel cells[J]. Journal of Materials Chemistry A, 2016, 4:15390 – 15399.

[52] 殷声. 燃烧合成[M]. 北京:冶金工业出版社, 1999:177 – 192.

[53] Y. Tsai, S. Chen, J. Wang, et al. Chemical stability and electrical conductivity of $BaCe_{0.4}Zr_{0.4}Gd_{0.1}Dy_{0.1}O_{3-\delta}$ perovskite[J]. Ceramics International, 2015, 41:10856 – 10860.

[54] L. Yang, C. Zuo, M. Liu. High – performance anode – supported solid oxide fuel cells based on $Ba(Zr_{0.1}Ce_{0.7}Y_{0.2})O_{3-\delta}$(BZCY) fabricated by a modified co – pressing process[J]. Journal of Power Sources, 2010, 195:1845 – 1848.

[55] 孟波, 谭小耀, 孟秀霞. 共沉淀和低温燃烧法制备 $Sr_{0.9}Ce_{0.9}Y_{0.1}O_{3-\delta}$ 陶瓷粉及性能[J]. 硅酸盐通报, 2007, 26(6):1129 – 1135.

[56] 高筠, 李中秋, 张文丽, 等. 共沉淀法制备 Y_2O_3 掺杂的 $BaZrO_3$ 粉体[J]. 稀有金属材料与工程, 2007, 36(1):188 – 191.

[57] Y. Guo, B. Liu, Q. Yang, et al. Preparation via microemulsion method and proton conduction at intermediate – temperature of $BaCe_{1-x}Y_xO_{3-\alpha}$[J]. Electrochemistry Communications, 2009, 11:153 – 156.

[58] C. Chen, G. Ma. Proton conduction in $BaCe_{1-x}Gd_xO_{3-\alpha}$ at intermediate temperature and its application to synthesis of ammonia at atmospheric pressure[J].

Journal of Alloys and Compounds, 2009, 485:69 - 72.

[59] W. Wang, J. Liu, Y. Li, et al. Microstructure and proton conduction behaviors of Dy - doped $BaCeO_3$ ceramics at intermediate temperature[J]. Solid State Ionics, 2010, 181(15 - 16):667 - 671.

[60] 孙林, 王洪涛, 苗慧. 微乳液法制备 $SrCe_{0.85}Er_{0.15}O_{3-\alpha}$ 及其复合电解质的中温电性能[A]. 第18届全国固态离子学学术会议暨国际电化学储能技术论坛[C], 2016, 159.

[61] S. Zhang, L. Bi, L. Zhang, et al. Stable $BaCe_{0.5}Zr_{0.3}Y_{0.16}Zn_{0.04}O_{3-\delta}$ thin membrane prepared by in situ tape casting for proton - conducting solid oxide fuel cells[J]. Journal of Power Sources, 2009, 188:343 - 346.

[62] B. Lin, Y. Dong, S. Wang, et al. Stable, easily sintered $BaCe_{0.5}Zr_{0.3}Y_{0.16}Zn_{0.04}O_{3-\delta}$ electrolyte - based proton - conducting solid oxide fuel cells by gel - casting and suspension spray[J]. Journal of Alloys and Compounds, 2009, 478:590 - 593.

[63] G. F. Taylor, Apparatus for making hard metal compositions: U. S. Patent No. 1,896,854[P]. 1933 - 2 - 7.

[64] G. D. Cremer, Sintering Together Powders Metals such as Bronze, Brass, or Aluminum, Powder metallurgy: U. S. Patent No. 2,355,954[P]. 1944 - 8 - 15.

[65] Z. A. Munir, U. Anselmi - Tamburini, M. Ohyanagi. The effect of electric field and pressure on the synthesis and consolidation of materials: a review of the spark plasma sintering method[J]. Journal of Materials Science, 2006, 41(3):763 - 777.

[66] J. Bu, P. G. Jönsson, Z. Zhao. Dense and translucent $BaZr_xCe_{0.8-x}Y_{0.2}O_{3-\delta}$ ($x = 0.5, 0.6, 0.7$) proton conductors prepared by spark plasma sintering[J]. Scripta Materialia, 2015, 107:145 - 148.

[67] 徐秀廷, 崔得良, 冯守华, 等. $SrCeO_3$ 的微波合成及离子导电性质研究[J]. 高等学校化学学报, 1996, 17(10):1519 - 1521.

[68] Z. Li, W. E. Lee, S. Zhang. Low - temperature synthesis of $CaZrO_3$ powder from molten salts[J]. Journal of the American Ceramic Society, 2007, 90(2):364 - 368.

第3章　SrCeO₃基质子导体

    众所周知,由于质子是最小的正离子,迁移率很高,较低温度时有些材料就可以获得很高的离子电导率,因此,这类材料被广泛地应用于固体氧化物燃料电池 SOFCs、氢气传感器、氢泵(氢的电化学透过)、电化学制氢、氢的分离提纯、常压合成氨以及有机电化学加氢或脱氢反应等方面,是电化学领域研究的热点[1-5]。日本名古屋大学的 Iwahara 研究小组[6,7]分别于 1981 年和 1988 年发现,在高温(600～1000℃)、水蒸气或含 H_2 的气氛下,某些低价态金属阳离子掺杂的 $BaCeO_3$、$SrCeO_3$ 等钙钛矿型结构的氧化物表现出良好的质子导电性能,其在 600℃时的电导率就达到 10^{-2} S·cm^{-1} 的数量级,其电导率高于钇稳定氧化锆(YSZ)电解质,略低于掺杂 CeO_2 基电解质(DCO)。其后,研究者们又相继发现了 $MZrO_3$(M = Ca、Sr、Ba)、$KTaO_3$ 和 $SrTiO_3$ 等基质子导体材料[8-17],使得钙钛矿型氧化物高温质子导体受到极大的关注。

    由于钙钛矿结构氧化物在工作过程中相对较高的物化稳定性;在质子传导时相邻晶格氧之间质子跃迁活化能相对较低,一般具有较高的电导率,从而使钙钛矿结构氧化物广泛应用于 SOFCs 的电解质材料,其制备方法、微观结构、导电机制和性质等成为人们广泛研究的课题,并显示出广阔的应用前景[18-20]。而且从图 3.1 所示的多种氧化物的质子电导率值中可以看出,Ba-CeO₃、SrCeO₃等钙钛矿型结构的氧化物是迄今为止发现的电导率较高的高温质子导体。直到今天,研究最多的质子导电材料依然是具有钙钛矿结构的 ABO_3 型氧化物。

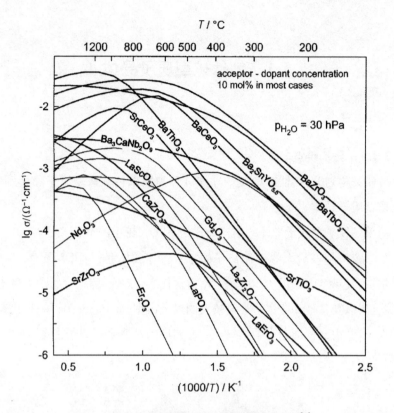

图3.1 各种氧化物的质子电导率计算数据[1]

　　本章将首先简要介绍一下钙钛矿型固体氧化物的结构特点和导电机理,随后介绍一些目前研究较多的铈酸盐基系列质子导体材料,如掺杂的Ba-CeO₃、SrCeO₃基钙钛矿型质子导体的化学稳定性、强度及导电性能,分析了不同组成对铈酸盐系列钙钛矿型氧化物质子导体导电性及稳定性的影响,说明提高材料性能的方法,并概述了国内外关于钙钛矿型质子导体的最新研究成果。本章讲述SrCeO₃基钙钛矿型质子导体,第4章讲述BaCeO₃基钙钛矿型质子导体。

3.1 钙钛矿型质子导体

3.1.1 结构特点

按照结构划分,钙钛矿型质子导体可分为简单钙钛矿型质子导体和复合钙钛矿型质子导体。

简单钙钛矿型质子导体的结构通式为 ABO_3,较小的 B 阳离子与 O^{2-} 形成 BO_6 的八面体结构;较大的 A 阳离子处于立方体的体心,与阴离子 O^{2-} 形成密堆积结构,其示意图如图 3.2 所示。A 通常代表 +2 价阳离子,通常由稀土、碱土、碱金属以及其他一些离子半径较大的离子占据,如 Ca、Sr、Ba 等,B 代表 +4 价阳离子,常由元素周期表中第三、四、五周期的过渡金属离子占据,如 Ce、Zr、Ti 等。

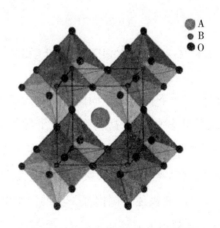

○ A
○ B
● O

图 3.2 钙钛矿晶体结构示意图

理想的钙钛矿型结构为立方晶系,但实际上许多钙钛矿型晶体结构都有扭曲。因此,1920 年 Goldschmidt 提出了容忍因子 t 这个概念,使用容忍因子公式来表示钙钛矿结构晶体的扭曲程度[21]:

$$t = \frac{(r_A + r_0)}{\sqrt{2}(r_B + r_0)} \tag{3.1}$$

式中：r_A，r_B，r_0 分别为 A、B、O 的离子半径。结构稳定的钙钛矿结构晶体的容忍因子 t 值通常在 0.74 ~ 1.1。与 1 的偏离越大，结构对称性越差，理想的立方晶格结构也将变为正交、单斜，甚至四方结构等。当 $0.95 \le t \le 1.04$ 时，为立方钙钛矿结构；当 $0.75 \le t \le 0.95$ 时，为正交钙钛矿结构[22]。

如果存在低价元素 M 掺杂，形成具有一定浓度的氧缺陷，可表示为 AB_{1-x} $M_xO_{3-\delta}$（x 是掺杂元素形成固溶体的范围，通常 ≤ 0.2，δ 代表每个钙钛矿型氧化物单元的氧缺陷数）。掺杂元素 M 一般是三价的稀土族或与稀土族元素性质相近的元素，如 Pr、Nd、Sm、Gd、Y、Yb 等[3,23,24]。特殊的空间结构使得这类氧化物易于高浓度掺杂的同时，又对整体结构不会有较大影响，进而保持相对稳定性[21,25]。且在一定掺杂浓度范围内，形成氧空位浓度越高，可迁移的质子浓度越高，导电能力也越大。

复合型钙钛矿结构氧化物的通式为 $A_2(B'B'')O_6$ 和 $A_3(B'B''_2)O_9$，这里 A 通常代表 +2 价阳离子，B′ 为 +3 价或 +2 价阳离子，B″ 代表 +5 价阳离子。结构中 B′ 与 B″ 交替占据 B 位，当 B′ 与 B″ 偏离了化学计量比后，会产生氧晶格缺陷，该类化合物化学通式可以表示为 $A_2(B'_{1+x}B''_{1-x})O_{6-\delta}$ 或者 $A_3(B'_{1+x}B''_{2-x})$ $O_{9-\delta}$ [26]。例如，$Sr_2Sc_{1+x}Nb_{1-x}O_{6-\delta}$，当 $x > 0$ 时，具有一定的质子导电性[27]。Nowick 等[28,29] 系统研究了 $A_2(B'_{1+x}B''_{1-x})O_{6-\delta}$（A = Sr^{2+}、Ba^{2+}；B′ = Ga^{3+}、Gd^{3+}、Nd^{3+}；B″ = Nb^{5+}、Ta^{5+}；$x = 0 \sim 0.2$）的质子传导行为，发现这类电解质具有比 Yb – SrCeO₃ 更高的质子传导能力和更低的活化能，但电解质需要高温环境运行。

3.1.2　质子传导机理

对于无机质子导体，有利于质子传导的必要条件尚不大清楚。一般认为，有利于质子传导的必要条件通常包括[30]：(1)金属氧化物组分具有较高的碱性；(2)低价态金属阳离子部分取代母体金属阳离子，或组成轻微偏离化学计量组成，具有利于质子传导的缺陷结构；(3)单位化学式中含氧量相对较高。

　　ABO_3钙钛矿型质子导体材料与其他电解质材料不同。材料本身的结构中并不存在释放质子的组分,它们之所以具有质子导电性是由于通过掺杂稀土离子产生了氧空位,这时氧化物周围环境中的水蒸气或者氢气和氧空位及电子空穴发生了缺陷反应,从而产生了质子。对复合钙钛矿型质子导体而言,其氧缺陷和间隙质子是由于 B′ 与 B″ 离子偏离了化学计量比而产生负电荷缺陷。钙钛矿氧化物中质子缺陷的形成和移动受摩尔体积、配位数及对称性的影响。对于简单钙钛矿型和复合钙钛矿型这两种质子导体,虽然产生氧缺陷的机理不同,但质子传导均是由于晶体中存在氧缺陷引起的。以下是产生氧空位和产生质子的缺陷反应方程[30]。

　　当 M(Ⅲ)取代 B(Ⅳ)时,因电中性条件下电荷补偿而将产生氧空位V_O''。

$$M_2O_3 \rightarrow 2M_{B'} + 3\,O_O^x + V_O'' \tag{3.2}$$

　　对质子传导机制,缺陷理论认为,在不同的气氛中,氧空位可与气氛作用发生不同的缺陷反应。氧空位在干燥氧气气氛中与氧气作用:

$$V_O'' + \frac{1}{2}O_2 \rightarrow O_O^x + 2\,h\cdot \tag{3.3}$$

　　式中:V_O''为氧空位;O_O^x为正常晶格位置上的氧离子;$h\cdot$为电子空穴。

当电解质在含氢气或水蒸气的气氛中时:

$$H_2O + 2\,h\cdot \leftrightarrow 2\,H^+ + \frac{1}{2}O_2 \tag{3.4}$$

$$H_2O + V_O'' \leftrightarrow 2\,H^+ + O_O^x \tag{3.5}$$

　　其中H^+表示间隙质子,在含氢气或水蒸气气氛中,电解质表现为质子导体,式(3.5)可由式(3.3)和式(3.4)合并得到,故有平衡常数:

$$K_5(T) = K_3 \cdot K_4 = [H^+]^2 / ([\,V_O''\,]P_{H_2O}) \tag{3.6}$$

　　P_{H_2O}的增大促使平衡向右移动,导电粒子浓度H^+的提高导致电导率增大。在含氢气气氛中,氢气与缺陷反应类似于上述机理。

$$H_2 + 2\,h\cdot \leftrightarrow 2\,H^+ \tag{3.7}$$

　　依据这些可以解释 $AB_{1-x}M_xO_{3-\alpha}$ 钙钛矿型电解质材料在不同气氛中的导电现象。

在干燥的含氧气气氛中,由于发生反应(3.3),产生了晶格氧离子和电子空穴,钙钛矿型电解质材料因此表现为氧离子和电子空穴的混合导电性。在潮湿的含氧气气氛中,因反应(3.3)产生了氧离子和电子空穴,此外,由于反应(3.4)和反应(3.5)产生了间隙质子,间隙质子的扩散迁移导致质子导电性的产生。因此,$AB_{1-x}M_xO_{3-\alpha}$钙钛矿型电解质材料在湿润的含氧气气氛中表现为氧离子、质子及电子空穴的混合导电性。

在氢气气氛中,由于发生反应(3.7)而表现为质子导电。

质子的半径小,质量轻,具有很高的可动性。与其他离子不同,质子很少以裸质子的形式存在,而是位于其他原子的电子密度中,相对较小的质荷比也使得其在固体中运动常伴随着诸如分子扩散、声子、分子动力学等现象。质子在钙钛矿型固体氧化物导体中的传导机制目前尚不十分清楚。现在普遍接受的理论是 H. Iwahara 及 M. Ishigame 等提出的质子传导的“跳跃 – 旋转机制”(hopping and rotating mechanism)[31,32]:被吸收到陶瓷中的间隙质子与氧离子之间形成微弱的 O—H 键,在外加电场作用下,O—H 键断裂,质子旋进的同时,与邻近氧离子之间形成新的微弱的 O—H 键,质子不断重复此过程进行跳跃 – 旋转式传导,如图 3.3(a)所示。该“跳跃 – 旋转机制”已被不少实验证实。也或者说质子迁移机制包括两个方面:质子在晶格内环绕晶格氧做旋转运动 I;质子在相邻晶格氧之间进行跃迁运动 II,如图 3.3(b)所示。后者需要的活化能要远大于前者,因此常伴随着氢键的断裂。通过离子掺杂诱导晶格畸变,可以改变质子跃迁活化能,进而改变材料质子电导率,因此在选择掺杂元素时,要综合考虑离子半径、电负性、掺杂浓度等因素的影响。

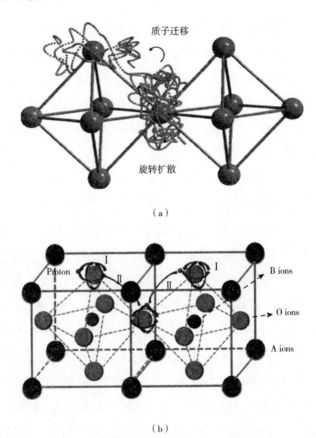

（a）

（b）

图 3.3　钙钛矿结构质子传导机理

在质子导体中,质子的迁移依赖于材料基体的晶格条件[31]。Mùnch 等[33]用量子分子动力学研究了 $BaCeO_3$、$CaZrO_3$、$SrTiO_3$ 和 $CaTiO_3$ 材料中质子的传输机理。发现质子的迁移与 O^{2-} 间距离及离子的振幅有关,研究得到了 O^{2-} 基体晶格的动力学特征、质子迁移势垒的大小及质子可能的迁移途径。H^+ 和 O^{2-} 形成微弱结合力的氢键,H^+ 围绕 O^{2-} 进行旋转运动,由于 O^{2-} 在晶格中各处存在,H^+ 可从一个临时的 O—H 键中转至另一个 O^{2-} 而形成 O—H 键,再离开至另一个 O^{2-},如此循环扩散[1]。当温度恒定时,整个样品达到动态平衡。在有电场存在下,H^+ 将定向运动而导电。与"跳跃 - 旋转机制"类似的传导机制由 Matsushita 提出的"跳跃 - 隧道移动机制"（hopping and tunneling motion mechanism)[34]。Matsushita 根据量子力学计算方法研究了掺杂 Sc 的 SrTiO₃ 中质子的运动机理。他认为在低温下为局部的隧道效应,在高温下为跳跃迁移机制,质子沿晶格氧的八面体 O—O 作短暂的 O—H—O 间的传递、跳跃,随着温度降低,传导机制由跳跃机制转变为隧道传导机制。两种研究结果相接近。

Kreuer[1] 则认为,在中低温时,质子以 Grotthuss 或自由质子机理迁移,在中高温则可能通过 Vehicle 机理(如以 H_3O^+ 作为质子迁移媒介)迁移。然而,现有的质子传导理论并不是对所有体系都有效,有的是因为数据不充分,还有的是模型与实验结果有较大差距,因此还需要进一步完善或改进。最近几年,Kreuer 用计算机模拟质子迁移,预期了一些新材料的质子传导性,并与实验结果进行比较,取得了较好的效果。

3.2 SrCeO₃基质子导体

钙钛矿结构中 A 位被 Sr 占据,B 位被 Ce 占据,就形成了 SrCeO₃,这是最早被发现的钙钛矿结构质子导体。人们对它的导电性质进行了大量的研究,发现尽管 SrCeO₃ 系列的总导电能力较 BaCeO₃ 系列低,但是高温下质子迁移数却相对较高。Knight[35] 和 Bonanos[36] 等研究发现 SrCeO₃ 的正交结构扭曲得厉害是抑制氧离子导电的原因。但 SrCeO₃ 的电池性能不高,主要原因是 Sr 基钙钛矿结构电解质的电导率不高,且稳定性不足,表现在 CO_2 气氛中、800℃以上,即可分解为 SrCO₃ 和 CeO_2[37-40]。目前多数研究围绕克服这两大缺点展开,但在质子导体基电解质中,SrCeO₃ 仍面临很多困难。质子导体是通过掺杂形成氧缺陷,再与水进行反应形成的。这就为质子导体的改性提供了更大的自由度,一来可以从种类繁多的材料中进行有针对性的选择,二来还可以从掺杂离子及其含量、掺杂位置等几个方面对材料的电导率进行调节。

3.2.1 低价离子掺杂的影响

掺杂低价离子(如 Yb^{3+}、Y^{3+}、Gd^{3+}、La^{3+}、Sc^{3+}、Tb^{3+}、Eu^{3+}、Er^{3+} 等)对于

改善 $SrCeO_3$ 的电导率是比较有效的方法[6,37-60],其中 5% Yb^{3+} 掺杂的 $SrCeO_3$ 被认为效果改善最显著[6],经过掺杂后电解质在 600~900℃ 电导率达到 10^{-3}~10^{-2} S·cm^{-2}。

1. 单离子 B 位掺杂

Zimmermann 等[42]利用高温固相法合成了 Yb^{3+} 掺杂的 $SrCeO_3$($SrCe_{1-x}Yb_xO_{3-\delta}$),通过内摩擦光谱得出由于 Yb 原子掺杂使其缺陷比周围的晶格低,可能引起机械弛豫峰增高,且随着掺杂浓度增高而增强。Arita 等[43]通过扩展 X 射线吸收精细结构(EXAFS)谱分析了质子导电的 $Sr(Ce_{1-x}Yb_x)O_3$($x = 0$~0.2)电解质材料,研究结果表明原子间的距离与晶格常数的减小相比几乎是常数。Okada 等[44]利用 XRD 和 Raman 光谱研究了氢气氛下、水蒸气压力 $P(H_2O)$ 对 $SrCe_{0.95}Yb_{0.05}O_{3-\alpha}$ 化学稳定性的影响。XRD 谱图显示 $SrCe_{0.95}Yb_{0.05}O_{3-\alpha}$ 钙钛矿材料在强还原气氛下会发生分解,如 1273 K、干燥氢气氛[$P(H_2O) = 4.6 \times 10$ Pa]下,有第二相 Sr_2CeO_4 生成。这是因为在强还原气氛中,晶格中的 Ce^{4+} 被还原为 Ce^{3+}。Raman 光谱研究也得到了相同的结果,在干燥氢气氛下在 460 cm^{-1} 和 570 cm^{-1} 处出现了第二相 Sr_2CeO_4 的 Raman 光谱峰。此外,$SrCe_{0.95}Yb_{0.05}O_{3-\alpha}$ 钙钛矿相在氢气氛下高 $P(H_2O)$(7.4×10^3 Pa)和低温下(1073 K)更加稳定。张超等[45]通过固相反应法制备了 Yb 掺杂量为 5%~15% 的 $SrCeO_3$ 电解质陶瓷粉体,通过 Fullprof 对 $SrCeO_3$ 电解质粉体的 XRD 图谱进行了全谱分析(见图 3.4)。通过电化学阻抗谱法对烧结电解质在不同气氛下的导电性能进行了表征。结果表明,600~800℃ 温度范围内当 Yb 掺杂量为 10% 时,经过密度修正后理想致密的 $SrCeO_3$ 电解质具有最高电导率,在含水氢气气氛中 800℃ 下电解质总电导率可以达到 8.2 mS·cm^{-1}。当 Yb 掺杂量为 15% 时,电解质中出现 Yb_3O_4 第二相,导致电解质总电导率有所降低。在不同气氛中电解质电导率由低到高的顺序为:干燥氩气 < 湿润氩气 < 干燥空气 < 干燥氢气 < 湿润空气 ≈ 湿润氢气。

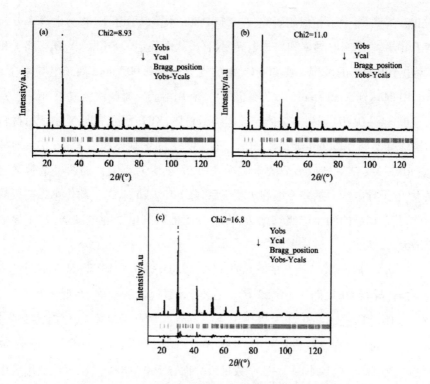

图 3.4 不同 Yb 掺杂量的电解质粉体全谱拟合结果

(a)5%;(b)10%;(c)15%

Sammes 等[46]研究了 Y 掺杂化学计量的 $SrCe_{1-x}Y_xO_{3-\delta}$($x = 0.025, 0.05$,

$0.075, 0.1, 0.15$ 和 $0.2, \delta = x/2$)和非化学计量的 $Sr_{0.995}Ce_{0.95}Y_{0.05}O_{3-\delta}$ 钙钛矿质

子导体的晶体结构和电性能。在 600~800℃ 范围内,两个不同的水蒸气压力

下($P_{H_2O} = 0.01$ 和 0.001 atm)及不同的氧分压[从 1 atm(纯 O_2)到 1×10^{-25} atm

(N_2/H_2 混合)]下测量了样品的电导率随氧分压的变化关系曲线。发现化学

计量的 $SrCe_{1-x}Y_xO_{3-\delta}$ 的晶胞体积和计算密度随着钇含量的增加而降低,离子

电导率和 p 型电子电导率显示出一定的阈值效应,这可能是由于掺杂的 Y 在

A 位和 B 位发生了双取代。$SrCe_{1-x}Y_xO_{3-\delta}$ 的离子电导率在 Y 掺杂量为 10% 时

达到最大值,为 5 mS·cm^{-1},但是 p 型电子电导率随着 Y 含量的增大而增大。

非化学计量的 $Sr_{0.995}Ce_{0.95}Y_{0.05}O_{3-\delta}$ 的晶胞体积较化学计量的 $SrCe_{1-x}Y_xO_{3-\delta}$ 小

(约为 0.34 Å^3),但离子电导率(7 mS·cm^{-1})高于化学计量的 $SrCe_{1-x}Y_xO_{3-\delta}$。

Phillips 等[47]也做了相似的研究,在 0.007 atm 水蒸气分压下,将总电导率分为电子电导率、空穴电导率和离子电导率组分,从而确定了 $SrCe_{1-x}Y_xO_{3-\delta}$ 离子和 P 型电子电导率的范围。在 800℃,水蒸气分压为 0.007 atm,离子电导率在 x = 0.10 时达到 5 mS·cm^{-1}。方建慧等[49]利用溶胶 – 凝胶法合成了 $SrCe_{1-x}Y_x$ $O_{3-\alpha}(x=0\sim0.20)$ 系列高温质子导体纳米粉体,XRD 研究表明 Y 掺杂后材料晶格均有不同程度的变形,除 $SrCe_{0.95}Y_{0.05}O_{3-\alpha}$ 的单胞体积增大外,其余均减小。UV – Vis 结果显示掺杂的干湿样品中,$SrCe_{0.95}Y_{0.05}O_{3-\alpha}$ 的两个禁带宽度最大,电子导电能力最差。饱和水蒸气后,除 $SrCe_{0.95}Y_{0.05}O_{3-\alpha}$ 粉体第二能级减小外,其余样品的两个能级均增大,作者以此推断其电子导电减弱,质子导电率增大。

Qi 等[50]研究 Tb^{3+} 掺杂的 $SrCeO_3$($SrCe_{0.95}Tb_{0.05}O_{3-\alpha}$)在高温下不同气体气氛的传导行为(见图 3.5、图 3.6)。在空气、氧气或氮气中,在低于 80℃下,$SrCe_{0.95}Tb_{0.05}O_{3-\alpha}$ 的活化能为 28~31 kJ·mol^{-1};大于 800℃,活化能为 164~181 kJ·mol^{-1}。在空气或氧气中,具有 $10^{-3}\sim10^{-2}$ S·cm^{-1} 的质子电导率,高于电子或氧离子电导率的 2~3 个数量级。而在 500~900℃,在氢气或甲烷中 $SrCe_{0.95}Tb_{0.05}O_{3-\alpha}$ 变成质子导体。无论低温、高温活化能都很小,在甲烷中

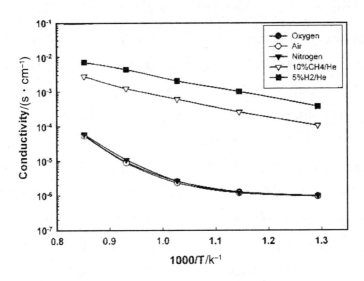

图 3.5 $SrCe_{0.95}Tb_{0.05}O_{3-\alpha}$ 在干气氛下的电导率 vs 温度图

SrCe$_{0.95}$Tb$_{0.05}$O$_{3-\alpha}$的质子传导活化能是 49 kJ·mol^{-1},在氢气中质子的传导活化能是 54kJ·mol^{-1}。

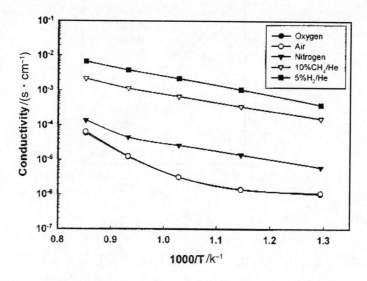

图 3.6 SrCe$_{0.95}$Tb$_{0.05}$O$_{3-\alpha}$在湿气氛下的电导率 vs 温度图

康新华等[51]用固相反应法制得了单一斜方相的 5% Er^{3+} 掺杂的 SrCe$_{0.95}$Er$_{0.5}$O$_{3-\delta}$钙钛矿型氧化物陶瓷,研究发现在 1000℃时湿润氢气、干燥空气和湿润空气中陶瓷样品的最大总电导率分别为 0.01 S·cm^{-2}、0.002 5 S·cm^{-2}、0.002 4 S·cm^{-2}。样品在干燥空气和湿润空气中的总电导率几乎相等,而在湿润氢气中的总电导率明显高于在干燥及湿润空气中的总电导率。

于玠等[52]以高温固相反应法合成了 Ho^{3+} 掺杂单一斜方相钙钛矿型结构的复合氧化物陶瓷 SrCe$_{0.9}$Ho$_{0.1}$O$_{3-\alpha}$。采用交流阻抗谱和氢浓差电池方法研究了样品在 600~1000℃湿润氢气中的质子导电性能。结果表明,在氢气气氛中600~1000℃范围,电动势的实测值与理论值吻合得很好(见图 3.7),SrCe$_{0.9}$Ho$_{0.1}$O$_{3-\alpha}$陶瓷的质子迁移数约为 1,几乎是一个纯质子导体,质子电导活化能为 61.0 kJ·mol^{-1},最大质子电导率为 1.6×10^{-2} S·cm^{-1}。低氧化态的 Ho^{3+}在 Ce^{4+} 位置的掺杂不仅使样品的离子电导率大幅提高,还使样品在还原气氛中具有很高的氧化还原稳定性。

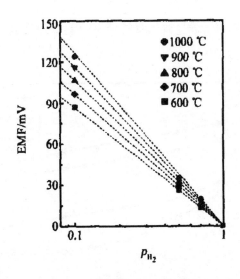

图 3.7 氢浓差电池的电动势

吕喆等[53]以 $SrCO_3$、CeO_2、Gd_2O_3 为原料,按固相反应方法制备了 $SrCe_{0.90}$ $Gd_{0.10}O_3$ 固体电解质,对以该材料为电解质的燃料电池的性能进行了研究。结果表明,电池的输出电压强烈依赖于温度,在 850℃时电池的最大输出功率密度约为 45 mW·cm^{-2},对应的电流密度为 130 mA·cm^{-2},电压为 0.3 V 左右。其原因是电池电解质具有复杂的导电机理。

Matskevich 等[54]以 $SrCO_3$、CeO_2 和 Lu_2O_3 为原料,采用高温固相法制备了斜方晶系的 $SrCe_{0.9}Lu_{0.1}O_{2.95}$ 钙钛矿氧化物。首次利用溶液量热法,通过结合 $SrCe_{0.9}Lu_{0.1}O_{2.95}$ 和 $SrCl_2 + 0.9CeCl_3 + 0.1LuCl_3$ 混合物在 298.15 K、1 M HCl 和 0.1 M KI 溶液中的标准摩尔溶解焓数据及其他热力学数据,确定了 $SrCe_{0.9}$ $Lu_{0.1}O_{2.95}$ 的标准摩尔生成焓。同时 $SrCe_{0.9}Lu_{0.1}O_{2.95}$ 钙钛矿氧化物比 $0.9SrCeO_3 + 0.1SrO + 0.05Lu_2O_3$ 混合物的热稳定更好,Lu_2O_3 的掺杂提高了 $SrCeO_3$ 的热力学稳定性。

Tsuji 等[55]从穆斯堡尔谱研究了 1000℃时空气氛和氢气氛下 Eu 掺杂的 $SrCe_{0.9}Eu_{0.1}O_{3-x}$,发现掺杂 Eu 以 +3 价态存在,且 Eu 掺杂的 $SrCeO_3$ 比 Yb 掺杂的离子传导活化能小,这可能由于 Eu 离子大的体积和在鞍点大的临界半径(见图 3.8)。Tsuji 等[56]还在不同 CO_2 分压下从室温到 1623 K 的温度范围内使用 TG – DTA 和高温 X 射线衍射方法,研究了如何从 $SrCO_3$、CeO_2、Eu_2O_3 到 $SrCe_{1-y}Eu_yO_{3-x}$ 的生成反应机理以及 CO_2 气体和 $SrCe_{1-y}Eu_yO_{3-x}$ 钙钛矿材料间的反应。在 $SrCe_{1-y}Eu_yO_{3-x}$ 样品的生成反应过程中,TG – DTA 曲线上在 1198 K 到 1309 K 温度范围内观察到有两个吸热反应发生。前者吸热峰对应的是从斜方晶系六角阶段的碳酸盐的晶体结构变化;而后者是钙钛矿与 $SrCO_3$ 一起分解形成的吸热峰。从钙钛矿与 CO_2 气体的反应发现在恒定温度下 $SrCeO_3$ 掺杂 Eu 的样品比纯 $SrCeO_3$ 样品更不稳定。图 3.9 显示了与 Baker、Lander 和 Scholtenet 的化学平衡热力学实验数据的比对,反应温度确定的过程(A)和(B)在这项研究中与先前研究者报告 $lgP(CO_2) \sim 1/T$ 的实验误差是十分相符的。但特别是在较低的 CO_2 分压下高于计算值,这个可能是由于在大气中的 CO_2 升温速率造成的。另外,在恒定压力下掺杂 $SrCeO_3$ 样品的生成反应比纯样品更困难。

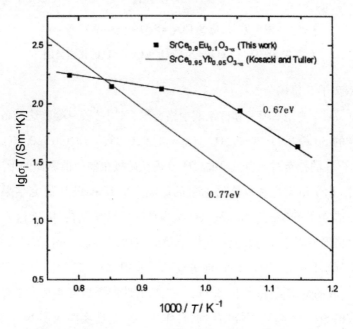

图 3.8　$SrCe_{0.9}Eu_{0.1}O_{3-x}$ 干燥气氛下的 $lg\sigma T \sim 1000/T$ 曲线

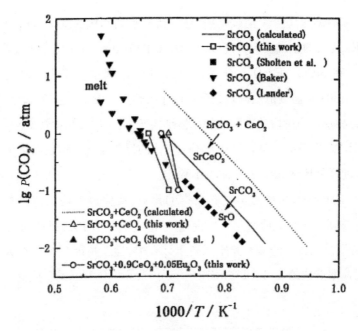

图 3.9　反应 $SrCO_3 = SrO + CO_2(A)$

和反应 $SrCO_3 + CeO_2 = SrCeO_3 + CO_2(B)$ 的化学势图

2. 双离子 B 位掺杂

Yuan 等[57]使用 EDTA 和柠檬酸为络合剂,采用溶胶－凝胶法制备了 Tm、In 共掺杂的 $SrCe_{0.95-x}In_xTm_{0.05}O_{3-\delta}$($x = 0.00, 0.05, 0.10, 0.15, 0.20$)系列样品,研究了 In 的掺杂对 $SrCe_{0.95}Tm_{0.05}O_{3-\alpha}$ 钙钛矿氧化物的前驱体的形成过程、烧结性能、化学稳定性和氢渗透通量的影响。XRD 和 SEM 研究结果表明在 1300℃烧结 10 h,$SrCe_{0.95-x}In_xTm_{0.05}O_{3-\delta}$ 为单一钙钛矿结构,In 能进入 $SrCeO_3$ 的斜方晶格形成固溶体,且随着 In 掺杂量的增加,$SrCe_{0.95}Tm_{0.05}O_{3-\alpha}$ 钙钛矿材料的晶格逐渐收缩(见图 3.10),促进烧结过程中晶粒的生长,改善了 $SrCe_{0.95}Tm_{0.05}O_{3-\alpha}$ 膜的烧结活性(见图 3.11)。烧结活性的提高可能是由于在烧结过程中生成的 $SrIn_2O_4$ 起到了烧结助剂的作用。稳定性实验表明 $SrCe_{0.95}Tm_{0.05}O_{3-\alpha}$ 膜在 CO_2 和沸水条件下的化学稳定性随着 In 掺杂量的增加而显著提高。

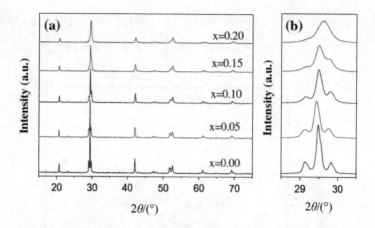

图 3.10 1300℃烧结 10 h 的 SrCe$_{0.95-x}$In$_x$Tm$_{0.05}$O$_{3-\delta}$膜的 XRD 图

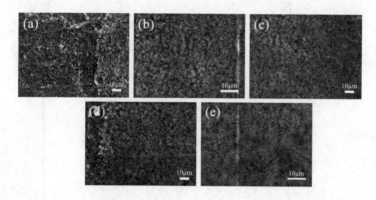

图 3.11 1300℃烧结 10 h 的 SrCe$_{0.95-x}$In$_x$Tm$_{0.05}$O$_{3-\delta}$膜的 SEM 图

(a)$x=0.00$；(b)$x=0.05$；(c)$x=0.10$；

(d)$x=0.15$；(e)$x=0.20$

3. 单离子 A 位掺杂

Liu 等[58]研究了钾在 A 位取代的 SrCe$_{0.95}$Y$_{0.05}$O$_3$材料在 600℃、二氧化碳气氛下的化学稳定性。根据热力学数据，CeO$_2$在 600℃时的吉布斯自由能比 SrCO$_3$低，因此在 CO$_2$气氛中，SrCeO$_3$基材料分解生成 CeO$_2$会比生成 SrCO$_3$更快。然而，在 600℃、CO$_2$气氛下，钾 A 位取代的 SrCe$_{0.95}$Y$_{0.05}$O$_3$材料的化学稳定性随着结构中 K 含量的增加反而降低。Sr$_{1-x}$K$_x$Ce$_{0.95}$Y$_{0.05}$O$_3$材料的电导率在湿氢气氛下随着 K 含量的增加而增大，900℃烧结的 Sr$_{0.95}$K$_{0.05}$Ce$_{0.95}$Y$_{0.05}$O$_3$电

导率最大,达到 0.0081 S·cm^{-1}(见图 3.12)。因此,钾在 A 位的取代结果是提高了 $Sr_{1-x}K_xCe_{0.95}Y_{0.05}O_3$ 材料的电导率,抗 CO_2 能力未得到改善。

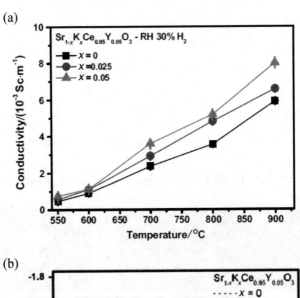

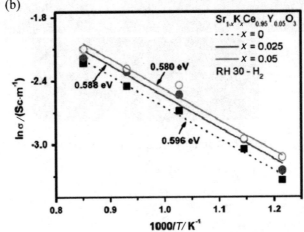

图 3.12 $Sr_{1-x}K_xCe_{0.95}Y_{0.05}O_3$ 材料在湿氢气氛(RH 30%)、550~900℃下
的(a)电导率(b)活化能图

4. 贵金属修饰

陈国涛等[59]采用浸渍法对 $SrCe_{0.9}Y_{0.1}O_{3-\delta}$ 粉体进行 Pt 修饰,制备出含 Pt 的 $SrCe_{0.9}Y_{0.1}O_{3-\delta}$ 质子导电膜(Pt/SCY 膜),并对其致密性、物相、微结构、电子

导电性进行了研究。研究结果表明,在1450℃保温3 h,得到的Pt含量≤0.2%(质量分数)的Pt/SCY膜具有正交钙钛矿结构,且相对密度达98%。当保温时间延长或Pt掺入量增加时,Pt/SCY膜中出现SrY₂O₄和Y₂O₃相(见图3.13)。Pt/SCY膜在H₂还原前后具有不同的微观结构,通过对膜在空气中的交流阻抗谱测试,发现Pt修饰改变了400℃以下电子的传导机制,显著地提高了低温区电子导电率。如图3.14所示,SCY膜的阿累尼乌斯曲线在整个测试温度范围内为一条直线,活化能值$Ea = 59.7 \text{ kJ} \cdot \text{mol}^{-1}$,而0.2%Pt/SCY – PMR膜的体

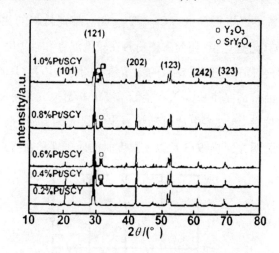

图3.13 Pt/SCY膜的XRD谱图(Pt≥0.4%)

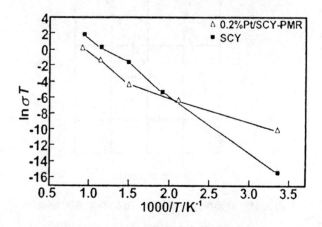

图3.14 SCY膜的 $\ln\sigma T \sim 1000/T$ 曲线

电导率在温度不超过 200℃ 的范围内均高于膜 SCY 的体电导率,且 0.2% Pt/SCY – PMR 膜的阿累尼乌斯曲线在 400℃ 左右有一个拐点,低温时活化能值 $E_a = 24.8 \text{ kJ} \cdot \text{mol}^{-1}$,高温时活化能值 $E_a = 70.0 \text{ kJ} \cdot \text{mol}^{-1}$,这表明了 0.2% Pt/SCY – PMR 膜在低温与高温时的空穴传导机制是不同的。

3.2.2　烧结助剂的影响

郑敏辉等[60]将 H_3BO_3、$SrCl_2$ 或 SrF_2 等助熔剂加入 $SrCe_{0.95}Y_{0.05}O_{3-\delta}$ 中,研究发现显著提高了焙烧得到的 $SrCe_{0.95}Y_{0.05}O_{3-\delta}$ 陶瓷粉料的比重。添加 2% SrF_2 使粉体比重接近理论值,用此陶瓷粉料在较低温度和较短时间条件下烧结即可得到密度符合固体电解质要求的烧结体(见图 3.15)。DTA、TG、XRD 等分析结果表明,助熔剂促使 $SrCeO_3$ 在较低温度下开始生成并使反应完全(见图 3.16)。交流阻抗谱、氢浓差电池电动势测定结果表明,助熔剂对材料的电导率、离子活化能无明显影响,973 K 以下温度时的质子迁移数接近 1。

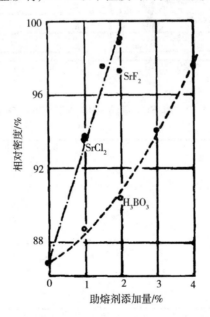

图 3.15　助熔剂添加量对 SCYb 粉料密度的影响

(SCYb 理论密度:5.821 g · cm^{-3})

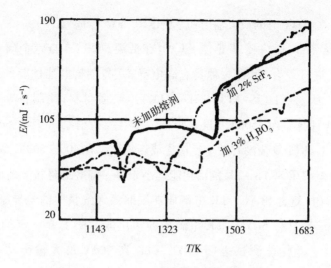

图 3.16　SCYb 初始原料粉体的 DTA 曲线

3.2.3　无机盐复合的影响

王洪涛等[61]使用微乳液法制备了 SrCe$_{0.85}$Er$_{0.15}$O$_{3-\alpha}$前躯体,在 1100℃下灼烧 5 h 得到 SrCe$_{0.85}$Er$_{0.15}$O$_{3-\alpha}$粉体。并将 SrCe$_{0.85}$Er$_{0.15}$O$_{3-\alpha}$与 NaCl、KCl 共熔体混合,充分研磨后压片,于 750℃灼烧 1 h 制得 SrCe$_{0.85}$Er$_{0.15}$O$_{3-\alpha}$ – NaCl – KCl 复合电解质。通过对其中温电性能进行研究,发现复合电解质在 700℃时最大输出功率密度为 304 mW · cm^{-2}。

王洪涛等[62]将具有优良质子导电性的 SrCe$_{0.9}$Yb$_{0.1}$O$_{3-\alpha}$(SCYb)与 NaOH – KOH 共熔体复合制得 SrCe$_{0.9}$Yb$_{0.1}$O$_{3-\alpha}$ – NaOH – KOH(SCYb – NK)复合电解质,制备所用的温度(400℃)显著低于单一铈酸锶材料的制备温度(1200～1400℃)。研究了复合电解质在 400～600℃下干燥氮气气氛中的电导率,结果表明复合电解质 SCYb – NK 的活化能(52 ± 0.9)kJ · mol^{-1}远小于 SCYb 材料的活化能(148 ± 2)kJ · mol^{-1};温度为 600℃时,SCYb – NK 复合电解质在干燥氮气气氛中的电导率达到 7.8 × 10^{-2} S · cm^{-1},远高于 SCYb 材料在相同条件下的电导率 1.2 × 10^{-3} S · cm^{-1}。H$_2$/O$_2$ 燃料电池性能测试表明 SCYb – NK 复合电解质在 600℃最大输出功率密度为 80.7 mW · cm^{-2},远高于

SCYb 材料在 700℃时的最大输出功率密度 16 mW·cm^{-2}。

王洪涛等[63] 还将质子导体 $SrCeO_3$ 在低温（420℃）与碱金属盐共熔体 LiCl - KCl 进行复合，得到一种具有高电导率、高燃料电池性能的新型复合 $SrCe_{0.9}Yb_{0.1}O_{3-\alpha}$ - LiCl - KCl（SCYb - LK）电解质材料，比制备 $SrCe_{0.9}Yb_{0.1}O_{3-\alpha}$（SCYb）的温度（1500℃）显著降低。X 射线衍射结果表明 $SrCe_{0.9}Yb_{0.1}O_{3-\alpha}$ 和 LiCl - KCl 复合没有发生反应生成新物质。在 400 ~ 600℃测试温度范围内，复合电解质 SCYb - LK 的活化能远小于单一铈酸锶材料。结果表明，温度为 600℃时，复合 SCYb - LK 电解质在湿润氮气气氛中的电导率为 8.6×10^{-2} S·cm^{-1}，复合 SCYb - LK 电解质的活化能远低于单一 SCYb 电解质。H_2/O_2 燃料电池性能测试表明 SCYb - LK 在 600℃最大输出功率密度为 113 mW·cm^{-2}，是 SCYb 在 700℃相同条件下的 7 倍。

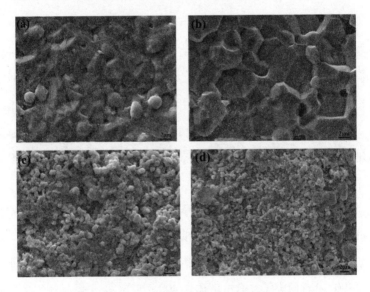

图 3.17　SCEu - SG（a,b）和 SCEu - SG - NK（c,d）
的表面和截面 SEM 图

Shi 等[64] 利用溶胶 - 凝胶法在 1100℃下灼烧 5 h 制备了 $SrCe_{0.9}Eu_{0.1}O_{3-\delta}$（SCEu - SG）粉体，并将 80 wt% $SrCe_{0.9}Eu_{0.1}O_{3-\delta}$ 与 20 wt% NaCl - KCl 熔盐混合、研磨、压片后置于高温炉中 750℃灼烧 1 h 制得 $SrCe_{0.9}Eu_{0.1}O_{3-\delta}$ - NaCl -

KCl(SCEu – SG – NK)复合电解质。XRD 结果显示 SCEu – SG 和 SCEu – SG – NK 均为单一立方钙钛矿结构,SCEu – SG 与 NaCl – KCl 熔盐复合并没有发生化学反应生成新物质。SEM 图(见图 3.17)显示在 1500℃烧结后的 SCEu – SG 致密无孔,750℃灼烧 1 h 制得的 SCEu – SG – NK 电解质表面被无机盐均匀覆盖,致密无孔。在含氢气氛中 SCEu – SG – NK 表现为质子导电,对其电性能进行研究发现,SCEu – SG – NK 复合电解质在 700℃干燥气氛中电导率为1.44 × 10^{-1} S·cm^{-1},最大输出功率密度为 207 mW·cm^{-2},远高于 SCEu – SG 的 13.1 mW·cm^{-2},如图 3.18 所示。

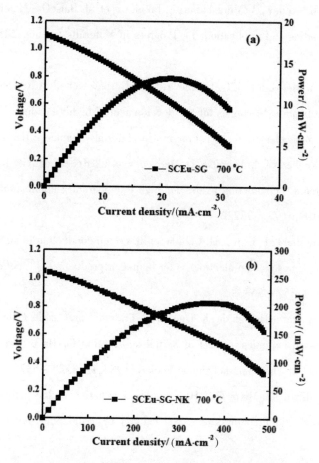

图 3.18　以 SCEu – SG(a)和 SCEu – SG – NK(b)为电解质的 H$_2$/O$_2$燃料电池的 I – V – P 曲线

参考文献

[1] K. D. Kreuer. Proton – conducting oxides[J]. Annual Review of Materials Research,2003,33(1):333 – 359.

[2] E. Fabbri,L. Bi,D. Pergolesi,et al. Towards the next generation of solid oxide fuel cells operating below 600℃ with chemically stable proton – conducting electrolytes[J]. Advanced Materials,2012,24(2):195 – 208.

[3] D. Medvedev,A. Murashkina,E. Pikalova,et al. BaCeO$_3$:Materials development,properties and application[J]. Progress in Materials Science,2014,60(3):72 – 129.

[4] D. A. Medvedev,J. G. Lyagaeva,E. V. Gorbova,et al. Advanced materials for SOFC application:Strategies for the development of highly conductive and stable solid oxide proton electrolytes[J]. Progress in Materials Science,2016,75:38 – 79.

[5] N. Kochetova,I. Animitsa,D. Medvedev,et al. Recent activity in the development of proton – conducting oxides for high – temperature applications[J]. RSC Advances,2016,6(77):73222 – 73268.

[6] H. Iwahara,T. Esaka,H. Uchida,et al. Proton conduction in sintered oxides and its application to steam electrolysis for hydrogen production[J]. Solid State Ionics,1981,3 – 4:359 – 363.

[7] H. Iwahara,H. Uchida,K. Ono,et al. Protontic and oxide ionic conduction in BaCeO$_3$ based ceramics – effect of partial substitution for Ba in BaCe$_{0.9}$O$_3$ with Ca[J]. Journal of The Electrochemical Society,1988,135:529 – 532.

[8] A. Mitsui,M. Miyayama,H. Yanagida. Evaluation of the activation energy for proton conductionin perovskite – type oxides[J]. Solid State Ionics,1987,32:213 – 217.

[9] T. Yajima,H. Kazeoka,T. Yogo,et al. Proton conduction in sintered oxides based on CaZrO$_3$[J]. Solid State Ionics,1991,47:271 – 275.

［10］T. Yajima, H. Suzuki, T. Yogo, et al. Protonic conduction in SrZrO$_3$ - based oxides［J］. Solid State Ionics,1992,51:101 - 107.

［11］李光强,郭振中,吴大山,等. 湿化学法制备 CaZr$_{1-x}$In$_x$O$_{3-\alpha}$及其烧结体的阻抗谱研究［J］. 硅酸盐学报,1996,24(4):430 - 434.

［12］马桂林. BaCe$_{0.8}$Y$_{0.2}$O$_{3-\alpha}$固体电解质的离子导电性及其燃料电池性能［J］. 无机化学学报,1999,15(6):798 - 802.

［13］于化龙,陈威,王常珍. BaCe$_{0.95}$Y$_{0.05}$O$_{3-\alpha}$固体电解质材料的热性质［J］. 东北大学学报(自然科学版),1995,16(1):21 - 23.

［14］段少勇,苏婷婷,姜恒,等. 改进的低温固相法制备钙钛矿型 KTaO$_3$［J］. 高等学校化学学报,2012,33(10):2164 - 2168.

［15］M. Hiroshige,S. Tetsuo,I. Hiroyasu,et al. Hydrogen separation using proton - conducting perovskites［J］. Journal of Alloys and Compounds,2006,412:456 - 462.

［16］何志奇,蒋凯. BaCe$_{1-x}$RE$_x$O$_{3-0.5x}$的溶胶 - 凝胶法合成及离子导电性［J］. 应用化学,1998,15(3):22 - 25.

［17］徐秀廷,崔得良,冯守华,等. SrCeO$_3$的微波合成及离子导电性质研究［J］. 高等学校化学学报,1996,17(10):1519 - 1521.

［18］毛宗强,王诚. 低温固体氧化物燃料电池［M］.1 版. 上海:上海科学技术出版社,2013:87 - 98.

［19］H. Iwahara, Y. Asakura, M. Tanaka,et al. Prospect of hydrogen technology using proton - conducting ceramics ［J］. Solid State Ionics,2004,168:299 - 310.

［20］V. Verda,M. C. Quaglia. Solid oxide fuel cell systems for distributed power generation and cogeneration［J］. International Journal of Hydrogen Energy,2008,33(8):2087 - 2096.

［21］A. F. Ammells, R. L. Cook, J. H. Wright,et al. Rational selection of advanced solid electrolytes for intermediate temperature fuel cells［J］. Solid State Ionics,1992,52(1 - 3):111 - 123.

［22］王吉德,宿新泰,刘瑞泉,等. 钙钛矿型高温质子导体研究进展［J］.

化学进展,2004,15(5):829 – 835.

[23] R. Glockner, M. S. Islam, T. Norby. Protons and other defects in $BaCeO_3$: a computational study[J]. Solid State Ionics,1999,122(1 – 4):145 – 156.

[24] G. Ma, T. Shimura, H. Iwahara. Simultaneous doping with La^{3+} and Y^{3+} for Ba^{2+} and Ce^{4+} sites in $BaCeO_3$ and the ionic conduction[J]. Solid State Ionics, 1999,120:51 – 60.

[25] 曹加峰,朱志文,刘卫. 钙钛矿结构质子导体基固体氧化物燃料电池电解质研究进展[J]. 硅酸盐学报,2015,43(6):734 – 740.

[26] A. S. Nowick, Y. Du. High – temperature protonic conductors with perovskite – related structures[J]. Solid State Ionics,1995,77:137 – 146.

[27] A. S. Nowick, K. Liang. Effect of non – stoichiometry on the protonic and oxygen – ionic conductivity of $Sr_2(ScNb)O_6$: a complex perovskite[J]. Solid State Ionics,2000,129(1 – 4):201 – 207.

[28] K. Liang, A. S. Nowick. High – temperature protonic conduction in mixed perovskite ceramics[J]. Solid State Ionics,1993,61(1 – 3):77 – 81.

[29] K. Liang, Y. Du, A. S. Nowick. Fast high – temperature proton transport in nonstoichiometric mixed perovskites[J]. Solid State Ionics, 1994, 69(2): 117 – 120.

[30] H. Iwahara, T. Shimura, H. Matsumoto. Protonic conduction in oxides at elevated temperatures and their possible applications[J]. Electrochemistry,2000,68(3):154 – 161.

[31] T. Hibino, K. Mizutani, T. Yajima, et al. Evaluation of proton conductivity in $SrCeO_3$, $BaCeO_3$, $CaZrO_3$ and $SrZrO_3$ by temperature programmed desorption method[J]. Solid State Ionics,1992,57(3 – 4):303 – 306.

[32] H. Yugami, Y. Chiba, M. Ishigame. Local structures in Y^{3+} – doped $SrCeO_3$ crystals studied by site – selective spectroscopy[J]. Solid State Ionics,1995, 77:201 – 206.

[33] W. Mùnch, K. D. Kreuer, G. Seifert, et al. Proton diffusion in perovskites:

comparison between $BaCeO_3$, $CaZrO_3$, $SrTiO_3$ and $CaTiO_3$ using quantum molecular dynamics[J]. Solid State Ionics, 2000, 136/137: 183 - 189.

[34] E. Matsushita. Tunneling mechanism on proton conduction in perovskite oxides[J]. Solid State Ionics, 2001, 145: 445 - 450.

[35] K. S. Knight. The crystal - structures of some doped and undoped alkaline - earth cerate perovskites[J]. Materials Research Bulletin, 1995, 30(3): 347.

[36] N. Bonanos, K. S. Knight, B. Ellis. Perovskite solid electrolytes: Structure, transport properties and fuel cell applications[J]. Solid State Ionics, 1995, 79: 161 - 170.

[37] L. Zimmermann, H. G. Bohn, W. Schilling, et al. Mechanical relaxation measurements in the protonic conductors $SrCeO_3$ and $SrZrO_3$[J]. Solid State Ionics, 1995, 77: 163 - 166.

[38] U. Reichel, R. R. Arons, W. Schilling. Investigation of n - type electronic defects in the protonic conductor $SrCe_{1-x}Y_xO_{3-\delta}$[J]. Solid State Ionics, 1996, 86 - 88: 639 - 645.

[39] H. Yugami, H. Naito, H. Arashi, et al. Fabrication of proton conductor $SrCeO_3$ thin films by excimer laser deposition[J]. Solid State Ionics, 1996, 86 - 88: 1307 - 1010.

[40] K. J. deVries. Electrical and mechanical properties of proton conducting $SrCe_{0.95}Yb_{0.05}O_{3-\alpha}$[J]. Solid State Ionics, 1997, 100: 193 - 200.

[41] Z. Xu, T. Wen. Electrical behaviours of doped $BaCeO_3$, $SrCeO_3$ in oxygen, hydrogen and water vapor atmospheres[J]. Journal of Inorganic Materials, 1994, 9: 122 - 128.

[42] L. Zimmermann, H. G. Bohn, W. Schilling, et al. Mechanical relaxation measurements in the protonic conductors $SrCeO_3$ and $SrZrO_3$[J]. Solid State Ionics, 1995, 77(4): 163 - 166.

[43] Y. Arita, S. Yamasaki, T. Matsut, et al. EXAFS study of $SrCeO_3$ doped with Yb[J]. Solid State Ionics, 1999, 121(1/4): 225 - 228.

[44]S. Okada, A. Mineshige, A. Takasaki, et al. Chemical stability of $SrCe_{0.95}$ $Yb_{0.05}O_{3-a}$ in hydrogen atmosphere at elevated temperatures[J]. Solid State Ionics, 2004,175:593 – 596.

[45]张超,雷洋,刘晓鹏,等. Yb 掺杂量对 $SrCeO_3$ 固体电解质导电性能的影响[J].人工晶体学报,2015,44(9):2369 – 2372.

[46]N. Sammes, R. Phillips, A. Smirnova. Proton conductivity in stoichiometric and sub – stoichiometric yittrium doped $SrCeO_3$ ceramic electrolytes[J]. Journal of Power Sources,2004,134(2):153 – 159.

[47]R. J. Phillips, N. Bonanos, F. W. Poulsen, et al. Sturectural and electrical characterization of $SrCe_{1-x}Y_xO_{3-\delta}$[J]. Solid State Ionics, 1999, 125 (1/4): 389 – 395.

[48]张超,李帅,刘晓鹏,等. 质子导体 $SrCe_{0.9}Y_{0.1}O_{3-\delta}$ 电解质薄膜的溶胶凝胶法制备[J].稀有金属,2012,36(6):936 – 941.

[49]方建慧,付红霞,沈霞,等. $SrCe_{1-x}Y_xO_{3-\alpha}$ 高温质子导体结构和紫外光谱研究[J].云南大学学报(自然科学版),2005,27(3A):97 – 100.

[50]X. Qi, Y. Lin. Electrical conducting properties of proton – conducting terbium – doped strontium cerate membrane[J]. Solid State Ionics,1999,120(1/4): 85 – 93.

[51]康新华,于玪,马桂林,$SrCe_{0.95}Er_{0.5}O_{3-\delta}$ 固体电解质的导电性[J].无机化学学报,2006,22(4):738 – 742.

[52]于玪,康新华,马桂林,等. $SrCe_{0.9}Ho_{0.1}O_{3-a}$ 陶瓷的质子导电性[J].中国稀土学报,2006,24(3):376 – 379.

[53]吕喆,刘江,黄喜强,等. $SrCe_{0.90}Gd_{0.10}O_3$ 固体电解质燃料电池性能研究[J].高等学校化学学报,2001,22(4):630 – 633.

[54]N. I. Matskevich, Th. Wolf, I. V. Vyazovkin, et al. Preparation and stability of a new compound $SrCe_{0.9}Lu_{0.1}O_{2.95}$[J]. Journal of Alloys and Compounds,2015, 628:126 – 129.

[55]T. Tsuji, T. Nagano. Electrical conduction in $SrCeO_3$ doped with Eu_2O_3

[J]. Solid State Ionics,2000,136 – 137(11):179 – 182.

[56]T. Tsuji,H. Kurono,Y. Yamamura. Formation reaction and thermodynamic properties of $SrCe_{1-y} Eu_y O_{3-x}$[J]. Solid State Ionics,2000,136 – 137(11):313 – 317.

[57]W. Yuan,C. Xiao,L. Li. Hydrogen permeation and chemical stability of In – doped $SrCe_{0.95} Tm_{0.05} O_{3-\delta}$ membranes[J]. Journal of Alloys and Compounds, 2014,616:142 – 147.

[58]C. Liu,J. Huang,Y. Fu,et al. Effect of potassium substituted for A – site of $SrCe_{0.95} Y_{0.05} O_3$ on microsturcture,conductivity and chemical stability[J]. Ceramics International,2015,41:2948 – 2954.

[59]陈国涛,谷景华,张跃. Pt 修饰的 $SrCe_{0.9} Y_{0.1} O_{3-\delta}$ 膜的制备与电性能研究[J]. 功能材料,2007,38(2):217 – 220.

[60]郑敏辉,甄秀欣,赵志刚. $SrCeO_3$ 基高温质子导体的制备与性能测定[J]. 北京科技大学学报,1993,15(3):310 – 315.

[61]孙林,王洪涛,苗慧. 微乳液法制备 $SrCe_{0.85} Er_{0.15} O_{3-\alpha}$ 及其复合电解质的中温电性能[A]. 第 18 届全国固态离子学学术会议暨国际电化学储能技术论坛[C],2016,159.

[62]邹影,王洪涛,吴福芳. 复合电解质 $SrCe_{0.9} Yb_{0.1} O_{3-\alpha}$ – NaOH – KOH 的低温制备及其中温燃料电池性能[J]. 化工新型材料,2017,45(5):200 – 202.

[63]管清梅,吴福芳,王洪涛. 复合电解质 $SrCe_{0.9} Yb_{0.1} O_{3-\alpha}$ – LiCl – KCl 的制备及其中温电性能研究[J]. 硅酸盐通报,2017,36(9):2935 – 2939.

[64]R. Shi,J. Liu,H. Wang,et al. Low temperature synthesis of $SrCe_{0.9} Eu_{0.1} O_{3-\delta}$ by sol – gel method and $SrCe_{0.9} Eu_{0.1} O_{3-\delta}$ – NaCl – KCl composite electrolyte for intermediate temperature fuel cells[J]. International Journal of Electrochemical Science,2017,12(12):11594 – 11601.

第4章 BaCeO₃基质子导体

SrCeO₃基氧化物是最早被发现的高温钙钛矿型质子导体材料,由于正交结构的较大扭曲,从而抑制了氧离子导电性,在高温氢气气氛中几乎是纯的质子导体。虽然它的质子迁移数比 BaCeO₃基的高,但它的电导率比相同温度下 BaCeO₃基的却低近一个数量级[1-4]。Norby 等[5]发现钙钛矿结构电解质电导率随着 A、B 位原子电负性的降低而升高,结合电负性的大小: Ca > Ba, Ti > Nb > Zr > Ce,合理解释了 BaCeO₃具有比其他钙钛矿结构氧化物更高电导率的原因。尽管相同的条件下,掺杂的 BaCeO₃基氧化物具有比其他钙钛矿型氧化物更高的电导率,但其碱性较强,暴露于 CO_2/H_2O 气氛中易与二者反应,进而在界面形成碳酸盐和氢氧化物,阻碍质子传导的同时,引起材料热膨胀,因此严重降低电池性能,从而限制了其在某些方面的应用[6-8]。

$$BaCeO_3 + CO_2 \rightarrow BaCO_3 + CeO_2 \qquad (4.1)$$

$$BaCeO_3 + H_2O \rightarrow Ba(OH)_2 + CeO_2 \qquad (4.2)$$

BaCeO₃基氧化物电解质在高温下,氧分压很高时,主要是氧离子与电子的混合导体;而在 H_2 和水蒸气下,通过氧空位与水蒸气发生作用,主要是质子导电[9]。对于钙钛矿结构的质子导体来说,钙钛矿结构的晶格畸变会直接影响到材料的离子电导活化能。除了晶格畸变之外,掺杂元素的化学性质也是影响质子迁移速率的因素之一。对 BaCeO₃基氧化物的改性也是主要通过元素掺杂来实现的,适当地改变此类材料中 A 与 B 位的离子数比例,可以对其稳定性和离子电导性等产生影响[8-27]。

4.1 低价离子掺杂的影响

4.1.1 单离子 B 位掺杂

$BaCe_{1-x}M_xO_{3-\delta}$ 的总电导率取决于掺杂阳离子 M 的性质及其含量 x,因为这两个因素能改变材料的晶胞参数和晶格畸变程度,进而影响离子迁移率。Kreuer[2]提出了在铈酸钡体系中的化学匹配概念,即提供对邻近氧原子的碱性有最小影响的掺杂元素为最好的化学匹配;掺杂元素的离子半径和电负性决定了化学匹配。Knight[10]利用高分辨率中子粉末衍射在温度为 4.2 K 对 $BaCe_{0.9}Y_{0.1}O_{2.95}$ 质子导体和未掺杂的 $BaCeO_3$ 晶体结构进行分析。发现随着温度的改变氧化物也存在着较多的晶态。室温下晶体呈现出单斜相结构,500℃时变为正交晶系,当温度升至 600 ~ 700℃时变为斜方六面体结构,800℃时,最终变为立方相结构。

仇立干等[11]采用高温固相法制备了 Lu^{3+} 掺杂的 $BaCe_{0.8}Lu_{0.2}O_{3-\alpha}$ 质子导体。运用 XRD、SEM 对该材料的物相结构、微观形貌进行了表征。在 500 ~ 900℃温度范围内,应用交流阻抗谱和气体浓差电池方法研究了材料在不同气体气氛中的离子导电性和氢 - 空气燃料电池性能。结果表明,$BaCe_{0.8}Lu_{0.2}O_{3-\alpha}$ 材料为单一斜方晶结构(Pnna),且具有良好的致密性。在 500 ~ 900℃温度范围内,干燥或湿润的氮气、空气和氧气中,$BaCe_{0.8}Lu_{0.2}O_{3-\alpha}$ 材料的电导率随着氧分压增大稍有增大。在湿润的氢气中,$BaCe_{0.8}Lu_{0.2}O_{3-\alpha}$ 材料表现为纯的质子导电性。在以 $BaCe_{0.8}Lu_{0.2}O_{3-\alpha}$ 为固体电解质的氢 - 空气燃料电池条件下表现为质子、氧离子和电子的混合导电性,其中离子导电性始终占主导。$BaCe_{0.8}Lu_{0.2}O_{3-\alpha}$ 为固体电解质的氢 - 空气燃料电池在 900℃下的最大输出功率密度为 $92.2 \ mW \cdot cm^{-2}$,见图 4.1,高于他们以前报道的 $BaCe_{0.8}RE_{0.2}O_{3-\alpha}$(RE = Pr,Eu,Ho,Er 等)材料[12-18]。这可能是由于 Lu^{3+}(0.0848 nm)是稀土离子中半径最小,碱性最低和电子结构最稳定的离子。

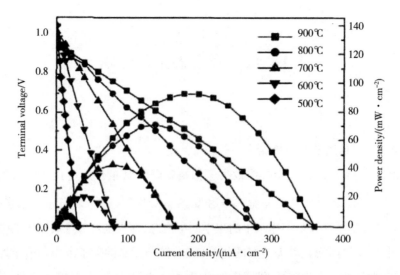

图 4.1 wet H_2, Pt | $BaCe_{0.8}Lu_{0.2}O_{3-\alpha}$ | Pt, wet air 电池的 I – V – P 曲线

Bi 等[19]利用柠檬酸盐法制备了不同 In 掺杂量(10% ~ 30%)的 $BaCeO_3$ 粉体(BCI10、BCI20、BCI30),并将 BCI 系列粉体与 NiO 按照质量比 40∶60 进行均匀混合,并且加 10 wt.% 的淀粉作为造孔剂,作为阳极基底的粉体。然后用共压的方法在 NiO – BCI 的阳极基底上制备一层 BCI 电解质膜,考察了 In 掺杂对 $BaCeO_3$ 膜的化学稳定性、烧结活性及质子电导率的影响。研究结果表明 In 元素的掺杂不仅极大地提高了材料的化学稳定性(见图 4.2),还有效地提高了材料的烧结活性(见图 4.3),并且样品的烧结活性随着掺杂量的增加而提高,在 1150℃时就实现了电解质的烧结致密。通过对 $BaCeO_3$ 薄膜电导率的研究,发现在相同烧结温度下,BCI30 的电导率与传统稀土掺杂的 $BaCeO_3$ 相当,而以 BCI30 为电解质的陶瓷膜燃料电池在的 700℃时的功率达到 342 mW·cm^{-2},且开路电压在工作条件下经过 100 h 没有衰减。

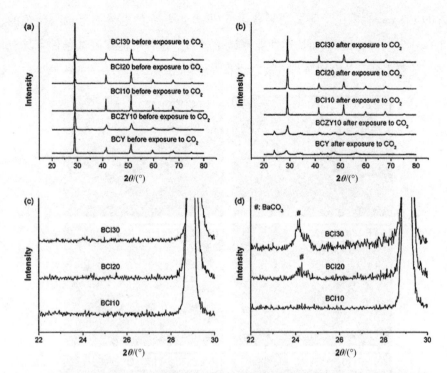

图 4.2　BCY、BCZY10、BCI10、BCI20 和 BCI30 粉体在经过 3% CO₂ 处理前
（a）和处理后（b）的 XRD 图谱；BCI10、BCI20 和 BCI30 粉体在经过 3% CO₂ 处
理前（c）和处理后（d）的 XRD 图谱在 2θ 角度为 22～30°时的局部放大图

　　Tao 等[20] 利用固相反应法分别合成了 $BaCe_{0.9}Ga_{0.1}O_{3-\delta}$（BCG10）和
$BaCe_{0.8}Ga_{0.2}O_{3-\delta}$（BCG20）粉体，并对这两种材料的化学稳定性和电导率进行
了研究。从 XRD 图谱（图 4.4）中发现，经 CO₂ 气氛处理后的 BCG10 以及
BCG20 粉体的结构基本保持不变，依然是完整的钙钛矿结构，这表明了 Ga 掺
杂的 BaCeO₃ 材料的化学稳定性非常高，在 3% CO₂ 气氛中基本没有任何化学反
应发生。笔者用一种原位喷雾的方法制备了以 $BaCe_{0.8}Ga_{0.2}O_{3-\delta}$ 为电解质的质
子导体燃料电池，在以湿氢气为燃料、以静压空气为氧化剂，从 600～700℃ 范
围内的测试结果显示，单电池在 700℃、650℃ 和 600℃ 时的最大功率密度分别
为 236 mW·cm⁻²，160 mW·cm⁻² 和 99 mW·cm⁻²，开路电压分别为 0.995
V，1.019 V 和 1.035 V，单电池极化电阻分别为 0.32 Ω·cm²、0.81 Ω·cm² 和

2.09 $\Omega \cdot cm^2$。电化学测试结果表明,BCG20 电解质的电导率可以与传统的 $BaCeO_3$ 基材料相媲美;而长期性能测试也表明了这种电池在测试条件下具有较好的稳定性以及电解质与电极之间非常兼容(图4.5)。

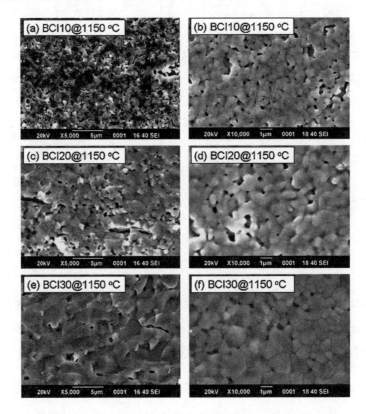

图4.3 厚度为 1 mm 的 BCI10、BCI20 和 BCI30 样品经 1350℃烧结后的截面(a,c,e)和表面(b,d,f)的 SEM 照片

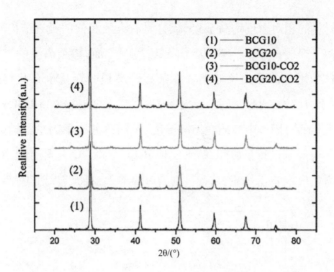

图 4.4 $BaCe_{1-x}Ga_xO_{3-\delta}$($x = 0.1, 0.2$)粉体以及 700℃

经过 3%CO₂ 处理 3 h 后的 XRD 图谱

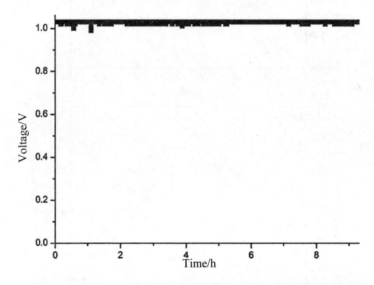

图 4.5 600℃下 BCG20 薄膜电解质燃料电池的长期稳定性测试

Amsif 等[21]合成了不同离子半径的稀土元素掺杂的 $BaCe_{0.9}Ln_{0.1}O_{3-\delta}$($Ln$ = La、Nd、Sm、Gd、Yb、Tb 和 Y)材料,研究了 B 位镧系元素掺杂引起的晶体结构参数变化对 $BaCeO_3$ 电导率的影响。发现在 1400℃烧结后的 $BaCe_{0.9}Ln_{0.1}$

$O_{3-\delta}$系列材料的相对密度均高于95%,且具有大致相似的微观结构。一方面,随着掺杂离子半径的增大,容限因子降低;另一方面,掺杂离子的半径增加伴随着自由体积增加。晶粒尺寸随着掺杂离子半径的变化也有此相同的趋势(见图4.6和4.7)。Sharova 等[22]对 $BaCe_{0.85}R_{0.15}O_{3-\delta}$($BC15R$,R = S、Y、La、Sm、Gd、Nd、Lu 等)固体电解质在不同温度、不同氧分压下的总电导率、离子电导率和质子电导率进行了研究,结果发现 $BaCe_{0.9}Gd_{0.1}O_{3-\delta}$具有较小的晶格形变同时具有较大的自由体积,具备最高的电导率。Amsif 等[21]同样发现当掺杂

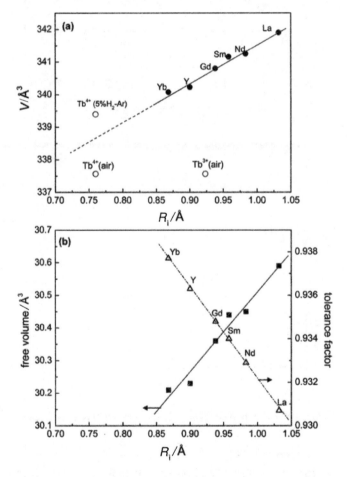

图 4.6　$BaCe_{0.9}Ln_{0.1}O_{3-\delta}$的(a)晶胞体积、(b)自由体积 V_f 和容忍

因子 t 随稀土元素离子半径的变化关系

后体系的晶体结构扭曲变形较小而自由体积较大时,可以提高钙钛矿的离子电导率。类似于晶界电导率和体电导率,$BaCe_{0.9}Ln_{0.1}O_{3-\delta}$ 系列材料的总电导率也取决于掺杂离子的半径,其中 Gd 掺杂的 $BaCe_{0.9}Gd_{0.1}O_{3-\delta}$ 样品具有最高的电导率值(600℃时为 $0.02\ S \cdot cm^{-1}$,见图4.8)。

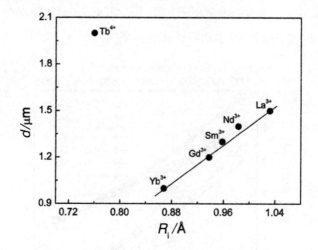

图4.7 烧结后的 $BaCe_{0.9}Ln_{0.1}O_{3-\delta}$ 平均晶粒尺寸随稀土离子半径的变化关系

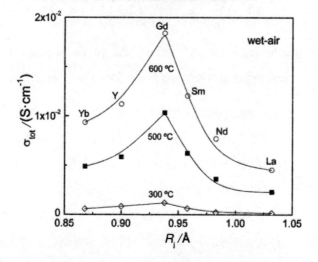

图4.8 $BaCe_{0.9}Ln_{0.1}O_{3-\delta}$ 在湿空气气氛下,300℃、500℃和600℃时总电导率随稀土离子半径的变化

　　然而，Matsumoto 等[23]对 $BaCe_{0.9}M_{0.1}O_{3-\delta}$（M = Y、Tm、Yb、Lu、In 和 Sc）系列电解质在 400～900℃范围内的离子导电性和化学稳定性的研究发现，电解质的导电性和化学稳定性两者都受离子半径的影响，但导电性似乎还受掺杂元素的电负性影响，即电导率随着离子半径的增加而增加，但随着电负性（碱性）的增加而减少。而且当掺杂离子为 Y、Tm、Yb 和 Lu 时电导率变化不大，当掺杂离子为 In 和 Sc 时电导率却明显减小，见图 4.9 和 4.10。

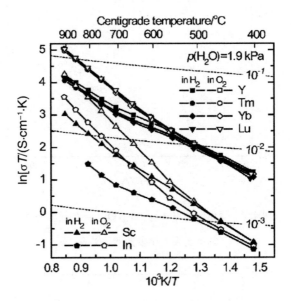

图 4.9　$BaCe_{0.9}M_{0.1}O_{3-\delta}$（M = Y、Tm、Yb、Lu、In 和 Sc）

电解质在湿氢气和氧气氛下的 $\ln\sigma T \sim 1000/T$ 曲线

　　Babu 等[24]采用一种改进的溶液燃烧合成（MCS）方法合成了 $BaCeO_3$ 和 $BaCe_{0.9}Er_{0.1}O_{3-\delta}$，并将之与传统的溶液燃烧合成（SCS）方法制备的样品相比较（见表 3.1）。由 SCS 和 MCS 两种方法制备的试样的 XRD 图中都发现有 $BaCO_3$ 和 CeO_2 杂相的存在，这可能是由 $BaCeO_3$ 和分解副产物 CO_2 间反应生成，另外 $BaCO_3$ 也可能是 $Ba(OH)_2$ 和 CO_2 反应得到的；由 MCS 法合成的在 1000℃煅烧 1 h 的 $BaCe_{0.9}Er_{0.1}O_{3-\delta}$ 粉体为正交单相结构，而 SCS 法合成的在煅烧后仍然有 $BaCO_3$ 相的存在；且在 pH 为 4、煅烧温度为 1000℃的 $BaCe_{0.9}Er_{0.1}O_{3-\delta}$ 粉体随着煅烧时间的增加，其晶粒尺寸逐渐变大。TEM 图显示在 1000℃下延长煅

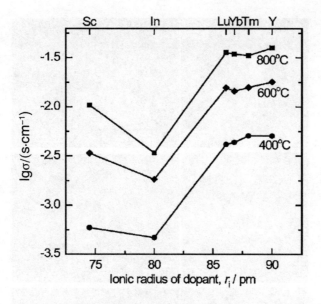

图 4.10 BaCe$_{0.9}$M$_{0.1}$O$_{3-\delta}$(M = Y、Tm、Yb、Lu、In 和 Sc)的
电导率等温线与掺杂离子半径的关系图(湿氢气氛下)

烧时间,SCS 粉体的尺寸明显增大,但是 MCS 粉体仍然保持超细结构。SEM 图显示粉体的形态随着 pH 的改变而改变,从 pH 为 4 的不规则混乱球状变为 pH 为 6 和 8 的半球状(如图 4.11 所示)。因此,MCS 方法是合成超细 BaCeO₃基质子导电的氧化物的一种有效途径。

表 4.1 溶液燃烧合成法的主要参数比较

Comparison of the main parameters of solution combustion synthesis.

Material	Fuel	pH	Calcination temperature (°C)/time (h)	Particle/crystallite size (nm)	Reference
BaCeO₃	EDTA+CA	–	1000/5	300	[35]
BaCeO₃	PVA	–	1100/2	150	[36]
BaCe$_{0.8}$Gd$_{0.2}$O$_{3-\delta}$	EDTA+CA	6	1100/5	400	[37]
BaCe$_{0.8}$Gd$_{0.2}$O$_{3-\delta}$	G	–	800/2	150	[38]
BaCe$_{0.9}$Y$_{0.1}$O$_{3-\delta}$	EDTA+EG	–	1100/2	100	[39]
BaCe$_{0.9}$Y$_{0.1}$O$_{3-\delta}$	G	–	900/10	45	[40]
BaCe$_{0.85}$Y$_{0.15}$O$_{3-\delta}$	CA	8	900/5	50	[41]
BaCe$_{0.8}$Y$_{0.2}$O$_{3-\delta}$	EG	–	1100/8	200	[42]
BaCe$_{0.8}$Y$_{0.2}$O$_{3-\delta}$	EDTA+CA	8-10	500/2	15	[43]
BaCe$_{0.8}$Sm$_{0.2}$O$_{3-\delta}$	Gl	–	1100/3	211	[44]
BaCe$_{0.95}$Tb$_{0.05}$O$_{3-\delta}$	EDTA+CA	6	1000/5	100	[45]
BaCe$_{0.7}$Zr$_{0.1}$Gd$_{0.2}$O$_{3-\delta}$	PVA	–	1100/2	300	[36]
BaCe$_{0.76}$Zr$_{0.19}$Yb$_{0.05}$O$_{3-\delta}$	CA	3	550/5	150	[46]
BaCe$_{0.76}$Zr$_{0.19}$Yb$_{0.05}$O$_{3-\delta}$	CA+EG	7	1100/12	100	[47]
BaCe$_{0.65}$Zr$_{0.2}$Yb$_{0.15}$O$_{3-\delta}$	EDTA+EG	9-10	1150/6	150	[48]
BaCe$_{0.7}$Zr$_{0.1}$Y$_{0.2}$O$_{3-\delta}$	EDTA+EG	9	1100/6	200	[49]
BaCe$_{0.9}$Er$_{0.1}$O$_{3-\delta}$	Citric acid	4	1000/1	32	This work
BaCe$_{0.9}$Er$_{0.1}$O$_{3-\delta}$	Citric acid	6	1000/1	36	This work
BaCe$_{0.9}$Er$_{0.1}$O$_{3-\delta}$	Citric acid	8	1000/1	36	This work

CA-citric acid, G-glycine, Gl-glycerine, PVA-polyvinyl alcohol, EG-ethylene glycol

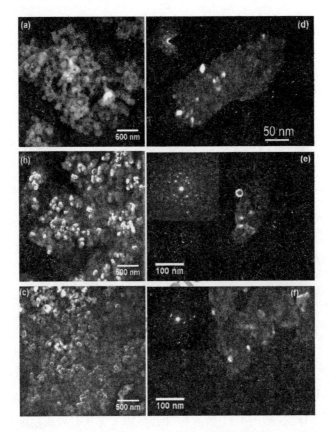

图4.11　不同 pH(pH = 4、6、8)条件下制备 $BaCe_{0.9}Er_{0.1}O_{3-\delta}$

粉体的 SEM(a – c)和 TEM(d – f)图

　　另外,Meng 等[25]合成了 $BaCe_{0.95}Tb_{0.05}O_{3-a}$(BCTb)材料,构造了 Ni – BCTb | BCTb | LSCF($La_{0.6}Sr_{0.4}Co_{0.2}Fe_{0.8}O_{3-a}$) – BCTb 燃料电池,在700℃时,最大功率密度达到 $753~mW \cdot cm^{-2}$。还有 Sm 掺杂的 $BaCeO_3$ 电解质[26-28],如 Peng 等[27]合成了 $BaCe_{0.8}Sm_{0.2}O_{2.90}$薄膜,在600℃和700℃时、湿氢气氛下的最大开路电压分别达到 1.049 V 和 1.032 V,最大功率密度分别达到 $132~mW \cdot cm^{-2}$ 和 $340~mW \cdot cm^{-2}$。Bi 等[28]也合成了 $BaCe_{0.8}Sm_{0.2}O_{3-\delta}$电解质膜,在650℃、湿氢气氛下的最大开路电压(OCV)和最大功率密度分别达到 1.04 V 和 $535~mW \cdot cm^{-2}$。Wang 等[29]用微乳法合成了 $BaCe_{1-x}Dy_xO_{3-a}$($x = 0.05$, $0.10,0.15,0.20$)系列陶瓷,研究了它们的电性能并用于合成氨反应。刘魁

等[30]采用高温固相法合成了 $BaCe_{1-x}Mn_xO_3$ ($x = 0.05 \sim 0.30$)材料,所有样品均为钙钛矿型单相结构,$x = 0.10 \sim 0.30$ 时样品中有第二相 Ba_2MnO_3 形成,说明 MnO_2 的固溶限为 $0.10 \sim 0.20$。由于 Mn^{2+} 半径小于 Ce^{4+} 的半径,样品的晶胞参数随着 Mn 掺杂浓度的增大而逐渐减小,晶胞体积也逐渐减小,但是样品的致密性有所提高,样品的电导率增大。$BaCe_{0.7}Mn_{0.3}O_{3-\delta}$ 样品在 800℃、空气气氛下的电导率达 $1.14 \times 10^{-3} S \cdot cm^{-1}$。

4.1.2　双离子 B 位掺杂

针对传统的 B 位阳离子掺杂无法同时提高 $BaCeO_3$ 基质子导体的化学稳定性及质子电导率的问题,对 B 位采用多元素掺杂可以更容易地实现上述条件,从而提高电导率。

Bi 等[31]在 $BaCeO_3$ 中同时掺杂 Y_2O_3 和 Ta_2O_5 制备了 $BaCe_{0.7}Ta_{0.1}Y_{0.2}O_{3-\delta}$ (BCTY10)电解质膜,并制作了多孔 NiO – BCTY10 阳极基板,研究了 Ta 掺杂对 $BaCeO_3$ 基质子导体的化学稳定性和电化学性能的影响。发现与未掺杂的 $BaCeO_3$ 相比,在 1450℃烧结 5 h 后的 BCTY10 电解质膜在 CO_2 和 H_2O 气氛中展现了较高的化学稳定性,且能保持其电化学性能不过度损失。在 700℃时,暴露于 3% CO_2 中 24 h 后 BCTY10 的 XRD 图见图 4.12。从图中可以看出,当往 $BaCeO_3$ 中掺杂入 10 mol% 的 Ta 后,虽然也有少量的 $BaCO_3$ 生成,但粉末样品的主相保持不变,其化学稳定性得到了明显的提高。在将 $La_{0.7}Sr_{0.3}FeO_{3-\delta}$ (LSF)和 $BaCe_{0.7}Zr_{0.1}Y_{0.2}O_{3-\delta}$(BZCY7)混合作为阴极,NiO – BCTY10 为阳极,25 μm 厚 BCTY10 为电解质构造了燃料电池,发现 $BaCe_{0.7}Ta_{0.1}Y_{0.2}O_{3-\delta}$ 具有较高的电导率,单电池的最大功率密度在 700℃、650℃、600℃ 和 550℃时分别为 195 $mW \cdot cm^{-2}$、137 $mW \cdot cm^{-2}$、84 $mW \cdot cm^{-2}$ 和 44 $mW \cdot cm^{-2}$,最大开路电压分别达到 0.994 V、1.032 V、1.055 V 和 1.064 V(如图 4.13)。而且可以稳定工作 100 h,而没有掺杂 Ta 的 $BaCeO_3$ 基质子导体材料短短几小时的运行就发生了电池性能的明显衰减。

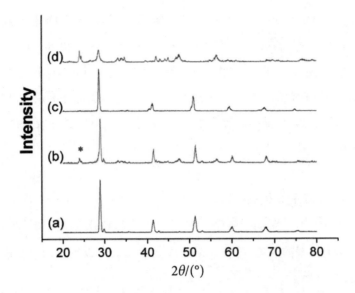

图 4.12　$BaCe_{0.7}Ta_{0.1}Y_{0.2}O_{3-\delta}$（BCTY10）和

$BaCe_{0.8}Y_{0.2}O_{3-\delta}$（BCY）的 XRD 图（ * : $BaCO_3$）

（a）BCTY10 powder；（b）BCTY10 powder after exposure to 3%
CO_2 at 700℃；（c）BCY powder；（d）BCY powder after exposure
to 3% CO_2 at 700℃

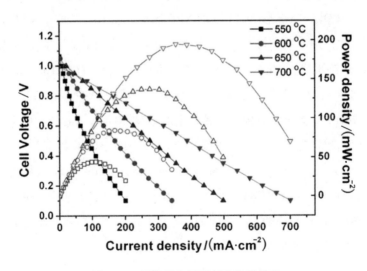

图 4.13　湿氢气氛下燃料电池的性能

Xie 等分别合成了 BaCe$_{0.7}$Nb$_{0.1}$Gd$_{0.2}$O$_{3-\delta}$电解质膜[32]和 BaCe$_{0.9-x}$Y$_x$Nb$_{0.1}$O$_{3-\delta}$[33]系列质子导体电解质。BaCe$_{0.7}$Nb$_{0.1}$Gd$_{0.2}$O$_{3-\delta}$（BCNG）电解质膜比 BaCe$_{0.8}$Gd$_{0.2}$O$_{3-\delta}$（BCG）具有更高的化学稳定性。虽然在相同条件（700℃,湿氢气氛）下,BCNG 的电导率为 0.007 S·cm^{-1}略小于 BCG 的 0.009 S·cm^{-1},在以 10 μm 厚的 BCNG 膜为电解质的燃料电池在 700℃时、湿氢气氛下的最大开路电压达到 1.0 V,最大功率密度达到 340 mW·cm^{-2}[32]。而 BaCe$_{0.9-x}$Y$_x$Nb$_{0.1}$O$_{3-\delta}$（x = 0.1,0.15,0.2,0.25,0.3,0.35）系列质子导体电解质相比于 BaCe$_{0.8}$Y$_{0.2}$O$_{3-\delta}$同样具有更高的化学稳定性。在 700℃、3% CO$_2$ + 3% H$_2$O + 94% N$_2$中 BaCe$_{0.8}$Y$_{0.2}$O$_{3-\delta}$分解为 CeO$_2$ 和 BaCO$_3$,而 Nb 掺杂后的 BaCe$_{0.9-x}$Y$_x$Nb$_{0.1}$O$_{3-\delta}$却没有发生变化,说明了 BaCe$_{0.9-x}$Y$_x$Nb$_{0.1}$O$_{3-\delta}$在 CO$_2$ 和 H$_2$O 中具有良好的稳定性,如图 4.14 所示。BaCe$_{0.9-x}$Y$_x$Nb$_{0.1}$O$_{3-\delta}$的电导率随着 Y 掺杂量（x≤0.30）的增加而增大,在 700℃,湿氢气氛下,BaCe$_{0.6}$Y$_{0.3}$Nb$_{0.1}$O$_{3-\delta}$的电导率为 0.01 S·cm^{-1}略小于 BaCe$_{0.8}$Y$_{0.2}$O$_{3-\delta}$的 0.012 S·cm^{-1}。如图 4.15 所示,

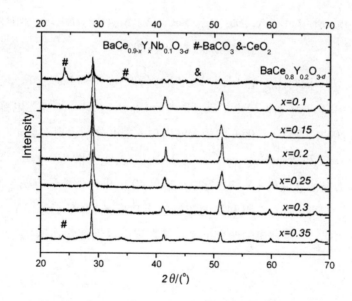

图 4.14　**BaCe$_{0.9-x}$Y$_x$Nb$_{0.1}$O$_{3-\delta}$电解质在 700℃、3% CO$_2$**
+3%H$_2$O +94%N$_2$中 10 h 后的 XRD 图

以 $BaCe_{0.6}Y_{0.3}Nb_{0.1}O_{3-\delta}$ 为电解质的燃料电池在700℃时、湿氢气氛下的最大开路电压达到1.02 V,最大功率密度达到345 mW·cm^{-2}[33]。

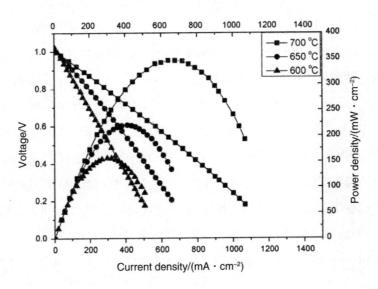

图4.15　$Ni-BaCe_{0.6}Y_{0.3}Nb_{0.1}O_{3-\delta}/BaCe_{0.6}Y_{0.3}Nb_{0.1}O_{3-\delta}/Nd_{0.7}Sr_{0.3}MnO_{3-\sigma}$ 燃料电池性能(600~700℃)

Zhao 等[34]同时用 Y 和 In 对 Ce 元素进行取代,得到 $BaCe_{0.7}In_{0.3-x}Y_xO_{3-\delta}$ (BCIY,$x=0,0.1,0.2,0.3$)电解质。其中 $BaCe_{0.7}In_{0.2}Y_{0.1}O_{3-\delta}$ 作为电解质的燃料电在600℃、650℃和700℃的最大输出功率密度分别达到114 mW·cm^{-2}、204 mW·cm^{-2}和269 mW·cm^{-2}。以 $BaCe_{0.7}In_{0.3}O_{3-\delta}$ 和 $BaCe_{0.7}In_{0.2}Y_{0.1}O_{3-\delta}$ 为电解质的电池在以0.5 V的恒定电压输出40 h,电池性能没有明显的降低。然而,尽管有相对低的电阻和高的初始输出功率,以 $BaCe_{0.7}In_{0.1}Y_{0.2}O_{3-\delta}$ 和 $BaCe_{0.7}In_{0.3}O_{3-\delta}$ 为电解质的两个电池却被发现电池性能快速退化,如图4.16所示。

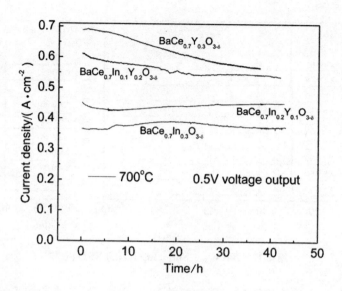

图4.16 BaCe$_{0.7}$In$_{0.3-x}$Y$_x$O$_{3-\delta}$($x=0,0.1,0.2,0.3$)短期耐久性电池试验

Zhang 等[35]采用柠檬酸 – 硝酸盐法制备了 Sm、In 共掺杂的 BaCe$_{0.80-x}$ Sm$_{0.20}$In$_x$O$_{3-\delta}$($x=0\sim0.80$)质子导体,研究了 In 的掺杂量对 BaCe$_{0.80-x}$Sm$_{0.20}$ In$_x$O$_{3-\delta}$电解质的电导行为的影响。利用 XRD、Raman 光谱对材料的结构及对称性进行了研究,发现所有 BaCe$_{0.80-x}$Sm$_{0.20}$In$_x$O$_{3-\delta}$材料均为纯的钙钛矿相,且随着 In 掺杂水平的增加,所有衍射峰往高角度偏移。BaCe$_{0.80-x}$Sm$_{0.20}$In$_x$O$_{3-\delta}$材料的长程结构和短程结构的对称性都随着 In 含量的增加而增大,晶体结构从斜方晶系($x=0\sim0.50$)变成为立方结构($x=0.60\sim0.80$),见图 4.17 和图 4.18。而过量的 In 掺杂使 BaCe$_{0.80-x}$Sm$_{0.20}$In$_x$O$_{3-\delta}$($x=0\sim0.20$)的晶格体积减小,阻碍离子迁移,导致离子传导的活化能增加。在湿氢气和湿氩气氛下,共掺杂 BaCe$_{0.80-x}$Sm$_{0.20}$In$_x$O$_{3-\delta}$质子导体的电导率随 In 掺杂水平的增加而下降。

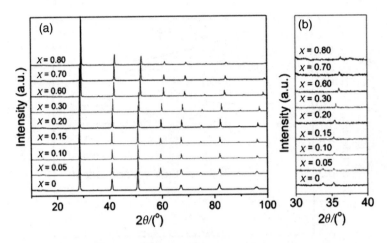

图 4.17　$BaCe_{0.80-x}Sm_{0.20}In_xO_{3-\delta}$ 的 XRD 图

Shi 等[36]也采用柠檬酸－硝酸盐法制备了 Sm、Y 共掺杂的 $BaCe_{0.8}Sm_x$ $Y_{0.2-x}O_{3-\delta}$（$0 \leqslant x \leqslant 0.2$）质子导体,研究了掺杂剂对电解质材料的烧结活性及电性能的影响。XRD 和 Raman 光谱研究表明,所有 $BaCe_{0.8}Sm_xY_{0.2-x}O_{3-\delta}$ 材料均为斜方晶系的钙钛矿结构。SEM 表明随着 Sm 掺杂浓度的增加,材料的烧结活性显著提高,见图 4.19。虽然 Sm 掺杂量的增加提高了电解质材料的烧结活性,但是却不利于质子传输,在所有 $BaCe_{0.8}Sm_xY_{0.2-x}O_{3-\delta}$ 系列材料中,$BaCe_{0.8}Sm_{0.1}Y_{0.1}O_{3-\delta}$ 电解质的烧结活性较好、电导率最大（600 ℃ 时 2.37×10^{-2} S·cm^{-1}）,相应的单电池也具有较好的输出功率密度和较好的短期稳定性,最大输出功率密度在 650 ℃、600 ℃ 和 550 ℃ 时分别为 0.60 W·cm^{-2}、0.51 W·cm^{-2} 和 0.36 W·cm^{-2},见图 4.20。

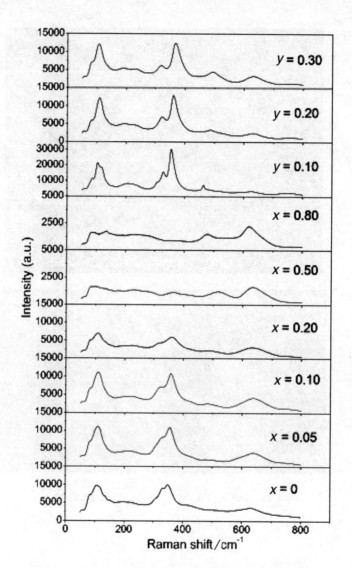

图 4. 18　BaCe$_{0.80-x}$Sm$_{0.20}$In$_x$O$_{3-\delta}$ 和 BaCe$_{1-y}$In$_y$O$_{3-\delta}$

室温下的 Raman 光谱

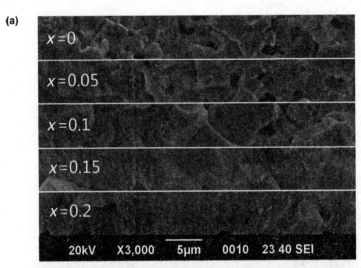

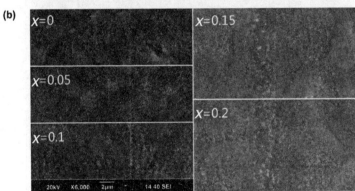

图 4.19 $BaCe_{0.8}Sm_xY_{0.2-x}O_{3-\delta}$（ $0 \leqslant x \leqslant 0.2$）的

(a)横截面;(b)表面 SEM 图

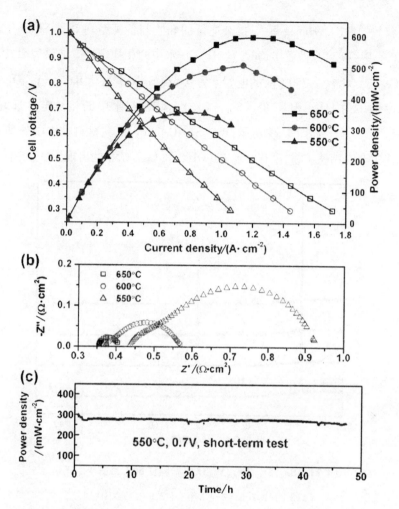

图 4.20　$BaCe_{0.8}Sm_{0.1}Y_{0.1}O_{3-\delta}$ 的(a)$I-V-P$ 曲线,(b)开路条件下的电
化学阻抗谱,(c)湿氢气(3% H_2O)氛下单电池的短期稳定性测试

4.1.3　A、B 位共掺杂

由前面叙述已经知道,在相同条件下,$BaCeO_3$ 基陶瓷材料具有较高的质子
电导率,而 $SrCeO_3$ 基陶瓷材料具有较高的质子迁移数。研究者们预测,如果用
适量的 Sr^{2+} 取代 $BaCeO_3$ 基陶瓷中的 Ba^{2+} 制得 $Ba_{1-x}Sr_xCe_{1-y}M_yO_{3-\alpha}$ 复合氧化
物,或许此类材料兼有 $BaCeO_3$ 基陶瓷高的质子电导率和 $SrCeO_3$ 基陶瓷高的质

子迁移数的性质。Huang 等[37]掺杂适量的 Sr^{2+} 制备了系列 $Ba_{1-y}Sr_yCe_{0.8}Y_{0.2}$ $O_{3-\delta}(y = 0 \sim 0.2)$ 来改善 $BaCe_{0.8}Y_{0.2}O_{3-\delta}$ 在水中的相稳定性。结果表明，$Ba_{0.9}$ $Sr_{0.1}Ce_{0.8}Y_{0.2}O_{3-\delta}$ 在750℃时的电导率为 $0.023\ S \cdot cm^{-1}$，比 $BaCe_{0.8}Y_{0.2}O_{3-\delta}$ 的电导率低了约11%，但是 $Ba_{0.9}Sr_{0.1}Ce_{0.8}Y_{0.2}O_{3-\delta}$ 在水中的相稳定性远好于 $BaCe_{0.8}Y_{0.2}O_{3-\delta}$。如图4.21所示，$Ba_{0.9}Sr_{0.1}Ce_{0.8}Y_{0.2}O_{3-\delta}$ 材料在水中处理8 h 后仍然主要为钙钛矿相，没有发现 $Ba(OH)_2$ 和 CeO_2 杂相的出现。

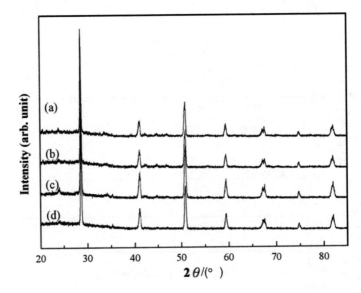

图4.21　$Ba_{0.9}Sr_{0.1}Ce_{0.8}Y_{0.2}O_{3-\delta}$ 材料在80℃暴露于水气中

(a)8 h,(b)6 h,(c)4 h 和(d)2 h 后的 XRD 图

Yajima 等[38]用 Ca^{2+} 和 Nd^{3+} 同时掺杂 $BaCeO_3$ 制备了 $Ba_{1-x}Ca_xCe_{0.9}Nd_{0.1}$ $O_{3-a}(x = 0 \sim 0.10)$ 系列材料,研究了其在 $600 \sim 1000$℃温度范围内,空气气氛中和氢–空气燃料电池条件下的离子导电性。由于 Ca^{2+} 与 Ba^{2+} 的离子半径相差较大,随着钙离子含量的增加,钙钛矿型结构变形增大,对称性降低,抑制了氧离子的迁移,尽管钙离子含量的增加对降低质子导电性不那么显著,但是也导致了材料的离子电导率和总电导率降低(图4.22)。

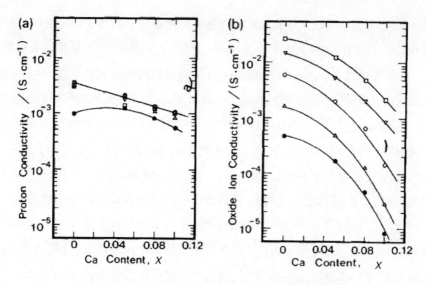

图 4.22　Ba$_{1-x}$Ca$_x$Ce$_{0.9}$Nd$_{0.1}$O$_{3-\alpha}$材料中钙离子含量对

(a)湿空气氛下质子传导;(b)干空气氛下氧离子传导的影响

(●)600℃,(△)700℃,(○)800℃,(▽)900℃,(□)1000℃

Ma 等[39]将 La^{2+}部分取代 Ba^{2+}和 Y^{3+}部分取代 Ce^{3+},利用高温固相反应制备了 Ba$_{1-x}$La$_x$Ce$_{0.90-x}$Y$_{0.10+x}$O$_{3-\alpha}$($0 < x < 0.40, \alpha = 0.05$)系列电解质,XRD显示 Ba$_{1-x}La_xCe_{0.90-x}Y_{0.10+x}O_{3-\alpha}$材料均为单一钙钛矿结构,电导测试表明在氢气氛下这些材料几乎是纯的质子导体,而在高氧分压下,这些氧化物表现出混合氧离子和空穴传导。在 Ba$_{1-x}$La$_x$Ce$_{0.90-x}$Y$_{0.10+x}$O$_{3-\alpha}$材料中,BaCe$_{0.90}$Y$_{0.10}$O$_{3-\alpha}$的电导率最高,在 1000℃、干氧气氛中电导率最大为 1.24×10^{-1} S·cm^{-1},湿氢气氛中电导率最大为 5.65×10^{-2} S·cm^{-1}。无论在氢气氛还是氧气氛下,质子和氧离子传导均随着 La^{2+}部分取代 Ba^{2+}和 Y^{3+}部分取代 Ce^{3+}的掺杂量的增加而单调减小。离子电导率的减少似乎与钙钛矿结构中自由体积(Vf)的减少以及晶格的晶格畸变的增加有关。

王茂元等[40]选用 Nd^{3+}和离子半径、性质与 Ba^{2+}相近的 Sr^{2+}(配位数为 6 的 Ca^{2+}、Ba^{2+}和 Sr^{2+}的离子半径分别为 0.100 mm,0.135 mm 和 0.118 nm)来同时掺杂 BaCeO$_3$,利用高温固相反应法制备了 A、B 位共同掺杂的 Ba$_{0.9}$Sr$_{0.1}$Ce$_{0.9}$Nd$_{0.1}$O$_{3-\alpha}$质子导电性陶瓷。研究了该材料在 500～900℃温度范围内,在

湿润氢气、湿润空气气氛中和氢-空气燃料电池条件下的离子导电性,并将之与 $BaCe_{0.9}Nd_{0.1}O_{3-\alpha}$ 和 $Ba_{0.9}Ca_{0.1}Ce_{0.9}Nd_{0.1}O_{3-\alpha}$ 材料的导电性能进行了比较。研究结果发现该 $Ba_{0.9}Sr_{0.1}Ce_{0.9}Nd_{0.1}O_{3-\alpha}$ 陶瓷材料为单一钙钛矿型 $BaCeO_3$ 斜方晶结构,具有良好的致密性,在高温下、CO_2 或水蒸气气氛中具有较高的稳定性。在湿润氢气气氛中、$500 \sim 800$℃温度范围内,材料的质子迁移数为1,是一个纯的质子导体;在900℃下,质子迁移数为0.964,是一个质子与电子的混合导体,质子迁移数高于 $BaCe_{0.9}Nd_{0.1}O_{3-\alpha}$(在 $700 \sim 900$℃温度范围内,质子迁移数为0.95)。在湿润空气气氛中,材料的质子迁移数为 $0.019 \sim 0.032$,氧离子迁移数为 $0.093 \sim 0.209$,是一个质子、氧离子和电子空穴的混合导体,总电导率高于 $Ba_{0.9}Ca_{0.1}Ce_{0.9}Nd_{0.1}O_{3-\alpha}$。在氢-空气燃料电池条件下,材料的离子迁移数为 $0.957 \sim 0.903$,是一个质子、氧离子和电子的混合导体,离子电导率高于 $Ba_{0.9}Ca_{0.1}Ce_{0.9}Nd_{0.1}O_{3-\alpha}$(见图4.23)。

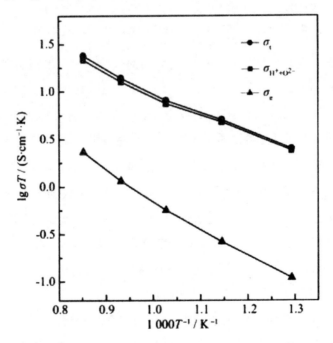

图4.23　$Ba_{0.9}Sr_{0.1}Ce_{0.9}Nd_{0.1}O_{3-\alpha}$ 在氢-空气燃料电池条件下的电导率

4.1.4　阴离子掺杂

针对传统的 B 位阳离子掺杂无法同时提高 $BaCeO_3$ 基质子导体的化学稳定性及质子电导率的问题,研究者们开始尝试利用阴离子取代部分的 O^{2-} 来达到提高 $BaCeO_3$ 基材料的化学稳定性及质子电导率的目的。Wang 等[41]提出了一种新颖的策略,利用阴离子 Cl^- 取代部分的 O^{2-},来达到提高 $BaCeO_3$ 基陶瓷在二氧化碳中的化学稳定性。由于氯元素具有比 O 更大的电负性,这可能有助于减少 $BaCeO_3$ 钙钛矿的碱度。从图 4.24 中可以看出,在氯掺杂的 $BaCe_{0.8}Sma_{0.2}O_{3-\delta}$(BCSCl)样品的 XPS 谱图中出现了属于 $Cl\ 2p$ 的 198.3 eV 的峰,说明氯元素掺入了 $BaCe_{0.8}Sm_{0.2}O_{3-\delta}$(BCS);XRD 结果也证实了氯元素的存在。

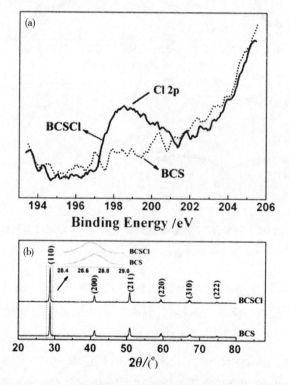

图 4.24　在 1100℃煅烧 5 h 后的 BCS 和 BCSCl 电解质的

(a)Cl 2p 的 XPS 光谱图和(b)XRD 图

研究结果还表明,Cl 离子的掺杂使得 $BaCe_{0.8}Sm_{0.2}O_{3-\delta}$(BCS)在空气中二氧化碳的存在下化学稳定性显著增强,同时 BCSCl 仍然保持较高的质子电导率,见图4.25。该法的优势在于 Cl 离子的掺杂可以通过简单使用氯化钡作为原料来实现的。

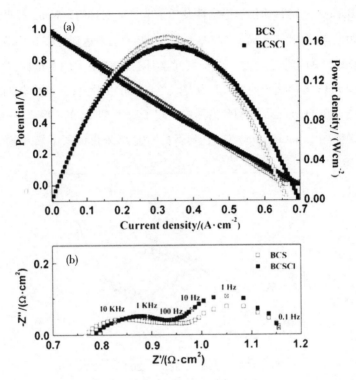

图 4.25 以 BCS 和 BCSCl 为电解质的单电池在 700℃潮湿氢气作为燃料的
(a)功率密度和(b)开路情况下的阻抗谱图

Su 等[42]采用独特的氟离子掺杂的方式,利用 F 部分取代氧化物中的 O^{2-},以降低氧化物的路易斯碱性,完善对氧化物稳定性的改性研究。他们利用柠檬酸盐–硝酸盐法制备了氟离子掺杂的 $BaCe_{0.8}Sm_{0.2}O_{2.9}$ 粉体,并研究了 $BaCe_{0.8}Sm_{0.2}O_{2.9}$(BCS)和 $BaCe_{0.8-x}F_xSm_{0.2}O_{2.9}$(BCSF)电解质的化学稳定性及电性能。研究发现,BCSF 的晶格尺寸相对于 BCS 稍有缩小;通过 CO_2 气氛中处理电解质片分析以及单电池开路电压长期稳定性对比得出,氟离子的掺杂增强了 BCS 氧化物在含 CO_2 气氛中的稳定性;以 $BaCe_{0.8}Sm_{0.2}O_{2.9}$(BCS)和

$BaCe_{0.8-x}F_xSm_{0.2}O_{2.9}$（BCSF）为电解质的单电池的电流 - 电压（$I-V$）和电流 -
功率（$I-P$）曲线（图4.26）显示，BCS的单电池在500℃、600℃、700℃时其最
大功率密度分别为72 mW·cm^{-2}、185 mW·cm^{-2}和334 mW·cm^{-2}，有着良
好的电化学性能，而氟离子掺杂的BCSF在同样条件下可以达到115 mW·
cm^{-2}、227 mW·cm^{-2}和420 mW·cm^{-2}，性能优于BCS20% ~ 60%，这显示
BCSF的电化学性能大大提高，尤其是在低温条件下。BCSF和BCS电解质的
开路电压（OCV）在700℃时几乎相同，约为0.99 V，这表示两者均有较高的离
子迁移数，在测试的前30 h内，BCS电解质的OCV几乎稳定不变，而在接下来

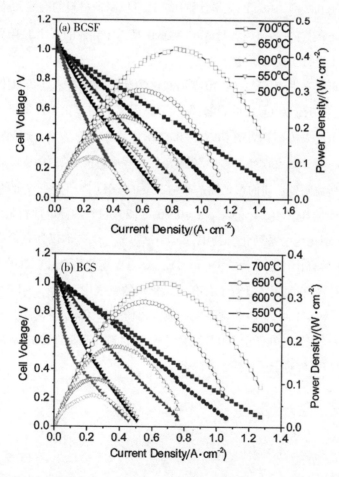

图4.26　以 BCSF(a)和 BCS(b)为电解质的单电池的 $I-V$ 和 $I-P$ 曲线

的测试中其 OCV 快速下降,在 46.5 h 后降至 0.84 V;相反,BCSF 电解质的 OCV 非常稳定,在 146 h 后仍保持在 0.95 V。因此,F^- 掺杂大大提高了 BCS 的化学稳定性,同时并未造成其电导率的损失。总之,与 BCS 相比,BCSF 显示出了良好的电性能与化学稳定性。

4.2　非化学计量 $BaCeO_3$ 基质子导体

由于使 $BaCeO_3$ 中 Ba 的化学计量比 <1,可以降低材料的碱性,提高化学稳定性。因此,还有一些研究者对 ABO_3 钙钛矿型质子导体的 A、B 位阳离子的非化学计量比进行了比较研究。

Shima 等[43]报道了 A、B 位阳离子非化学计量组成对未掺杂和掺杂 Gd^{3+} 的 $BaCeO_3$ 的结构和电导率的影响,发现金属阳离子的非化学计量组成的微小变化都会引起未掺杂及掺杂 Gd^{3+} 的 $BaCeO_3$ 电导率的显著变化(见图 4.27)。因此,Shima 等指出在制备 $BaCeO_3$ 基陶瓷的过程中,仔细控制陶瓷的化学计量对于获得所需陶瓷性质的重现性是非常必要的。Ma[44]研究了掺杂的 $BaCeO_3$ 基非化学计量 $Ba_xCe_{0.90}Y_{0.10}O_{3-\delta}(x=0.80 \sim 1.20)$ 材料的导电性和非化学计量的关系,发现在这一系列化合物中,$Ba_{0.95}Ce_{0.90}Y_{0.10}O_{3-\delta}$ 不仅具有最高的导电率,而且还具有比化学计量的 $BaCe_{0.90}Y_{0.10}O_{3-\delta}$ 更高的稳定性。对于 $Ba_xCe_{0.90}Y_{0.10}O_{3-\delta}$ 材料,在室温下暴露于含有二氧化碳的空气中时,当 x >1 时,材料不稳定,而当 x < 1 时,材料非常稳定。他们还研究了 $Ba_{0.95}Ce_{0.90}Y_{0.10}O_{3-\delta}$ 材料的质子导电性,发现在低于700℃的温度下,该材料几乎是纯粹的质子导体,温度高于700℃时,质子迁移数逐渐降低。

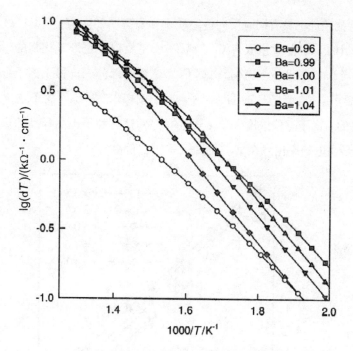

图 4.27 掺杂 Gd³⁺的 BaCeO₃在水饱和的

氩气氛下、250～500℃的总导率变化

马桂林研究组[45-48]还合成了掺杂的非化学计量 $Ba_xCe_{0.8}M_yO_{3-\alpha}$（M =
Y^{3+}, Er^{3+}, Dy^{3+}, Sm^{3+}; $x<1$, $x=1$, $x>1$; $y=0,0.1,0.2$）系列陶瓷,研究了该系
列化合物的缺陷结构、离子导电性和化学稳定性及其相关性。发现适当改变
Ba^{2+}离子的含量 x,不仅可以保持其钙钛矿型结构,而且对其缺陷结构、离子导
电性和化学稳定性均有显著影响。研究发现,$x<1$ 样品的化学稳定性要高于
$x=1$ 及 $x>1$ 的样品。对于未掺杂样品 $Ba_xCeO_{3-\alpha}(0.95\leqslant x\leqslant1.05)$,在 600～
1000℃下,电导率最大相差三个数量级;在氢气气氛中,$0.95\leqslant x\leqslant1$ 样品的电
子导电性占主导地位,而 $1<x\leqslant1.05$ 样品的离子导电性占主导地位;与此相
反,在氧气气氛中,$1<x\leqslant1.05$ 样品的电子导电性占主导地位,$0.95\leqslant x\leqslant1$ 样
品的离子导电性占主导地位。而对于掺杂样品来说,在氢气气氛中,各样品的
离子导电性占主导地位,随着样品中 Ba^{2+}离子含量的增加,样品的质子迁移数
增大;在干燥的含氧气气氛中,样品是氧离子与电子空穴混合导体,在氢－空

气燃料电池条件下具有同时反向传输质子和氧离子的能力;当 Ba^{2+} 过量($x >$ 1)时,过量的 Ba^{2+} 除少量取代 Ce^{4+} 离子外,主要以无定形氧化物的形式存在于粒界;当 Ba^{2+} 不足($x < 1$)时,占据 Ce^{4+} 位置的部分三价稀土离子自动转移到 Ba^{2+} 离子空位,填充部分 Ba^{2+} 离子空位,仍保留部分 Ba^{2+} 离子空位,使得 x < 1 样品的氧离子空位浓度大于 $x = 1$ 的样品,这有利于提高样品的离子电导率,因此最高电导率出现在 $x < 1$ 而非 $x = 1$ 的样品中。

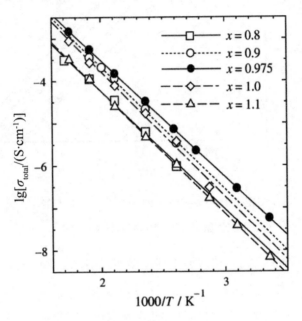

图 4.28 $Ba_x Ce_{0.8} Gd_{0.2} O_{3-\delta}$ 系列电解质
的体电导率的 Arrhenius 曲线

Kikuchi 等[49]对 $Ba_x Ce_{1-y} Gd_y O_{3-\delta}$($0.8 \leqslant x \leqslant 1.1, 0 \leqslant y \leqslant 0.3$)和 $Ba_x Ce_{0.8}$ $Ln_{0.2} O_{3-\delta}$($x = 0.975, 1.0; Ln = Nd、Sm、Gd、Dy、Yb$)系列电解质的电性能及相组成进行了研究。XRD 表明 $Ba_x Ce_{0.8} Gd_{0.2} O_{3-\delta}$($0.8 \leqslant x \leqslant 1.1$)样品在 $0.975 \leqslant x \leqslant 1.0$ 时为单一钙钛矿相,而 $x = 0.8, 0.9$ 时有少量的立方相($Ce_{0.7} Gd_{0.3}$)$O_{1.85}$存在。电导率测试发现掺杂的非化学计量的 $Ba_{0.975} Ce_{0.8} Ln_{0.2} O_{3-\delta}$($0.975BCLn$)系列电解质显示出比化学计量的 $BaCe_{0.8} Ln_{0.2} O_{3-\delta}$(BCLn)系列电解质更高的电导率。其中 $Ba_{0.975} Ce_{0.8} Gd_{0.2} O_{3-\delta}$ 为单相的单斜钙钛矿结构

（$I2/m$），在 250℃时，Ba$_{0.975}$Ce$_{0.8}$Gd$_{0.2}$O$_{3-\delta}$的总（体）电导率最大，为 5.5×10^{-4} S·cm^{-1}，比化学计量的 BaCe$_{0.8}$Gd$_{0.2}$O$_{3-\delta}$电解质的总电导率约高 2 倍，见图 4.28。这可能是由于 Gd 掺杂的材料在 Ba$_{0.975}$Ce$_{0.8}$Ln$_{0.2}$O$_{3-\delta}$系列材料中具有较小的晶格形变同时具有较大的晶胞体积，见图 4.29，因此具备最高的电导率[49,50]。

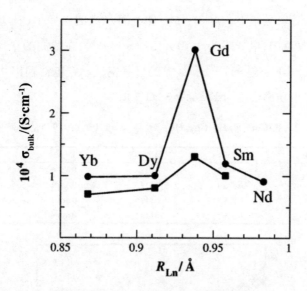

图 4.29　BCLn（■）和 0.975BCLn（●）系列电解质的体电导率
（σ$_{bulk}$）与掺杂离子半径（R$_{Ln}$）的关系图（225℃）

王茂元等[51]用高温固相反应法合成了 Ba$_x$Ce$_{0.8}$Ho$_{0.2}$O$_{3-\alpha}$（$x = 1.03, 1,$ 0.97）系列固体电解质，XRD 表明，Ba$_x$Ce$_{0.8}$Ho$_{0.2}$O$_{3-\alpha}$系列材料均为钙钛矿型斜方晶单相结构。Ba$_x$Ce$_{0.8}$Ho$_{0.2}$O$_{3-\alpha}$系列材料的晶胞参数与未掺杂的钙钛矿型斜方晶 BaCeO$_3$的晶胞参数均列于表 4.2 中。由表 4.2 可知，晶胞参数 a 比 b 和 c 大得多，b 和 c 的数值较接近。掺杂 BaCeO$_3$比未掺杂 BaCeO$_3$的晶胞体积小，而掺杂材料中，随着 Ba^{2+}含量的增多，材料的晶胞体积增大。利用交流阻抗谱考察了材料在 600～1000℃下、湿润氢气和湿润空气气氛中的导电性；以 Ba$_x$Ce$_{0.8}$Ho$_{0.2}$O$_{3-\alpha}$为固体电解质，多孔性铂为电极材料，组成氢－空气燃料电池，研究了它们的氢－空气燃料电池性能；讨论了材料的非化学计量组成对其电性能的影响。结果表明,在 600 ～ 1000℃ 温度范围内、湿润氢气和湿润空气气氛中,该系列材料的电导率随温度和钡离子含量的变化均与以该系列材料为固体电解质的氢 － 空气燃料电池性能随温度和钡离子含量变化的次序一致,见图 4.30,即非化学计量组成材料 $Ba_xCe_{0.8}Ho_{0.2}O_{3-\alpha}(x=1.03,0.97)$ 具有较化学计量组成材料 $Ba_xCe_{0.8}Ho_{0.2}O_{3-\alpha}(x=1)$ 高的电导率和氢 － 空气燃料电池输出功率密度,其中 $Ba_{1.03}Ce_{0.8}Ho_{0.2}O_{3-\alpha}$ 有最高的电导率(在 1000℃ 时、在湿润的氢气气氛中,电导率为 2.10×10^{-2} S·cm^{-1};在湿润的空气气氛中,电导率为 3.46×10^{-2} S·cm^{-1})和最大的氢 － 空气燃料电池输出功率密度(在 1000℃ 时,输出功率密度为 122 mW·cm^{-2})。

表 4.2 $BaCeO_3$ 和 $Ba_xCe_{0.8}Ho_{0.2}O_{3-\alpha}(x=1.03,1,0.97)$ 的晶胞参数

Compound	a/nm	b/nm	c/nm	V/nm^3
$BaCeO_3$	0.877 7	0.623 6	0.621 6	0.340 2
$Ba_{1.03}Ce_{0.8}Ho_{0.2}O_{3-\alpha}$	0.876 3	0.619 7	0.620 1	0.336 7
$BaCe_{0.8}Ho_{0.2}O_{3-\alpha}$	0.876 5	0.619 1	0.619 1	0.335 9
$Ba_{0.97}Ce_{0.8}Ho_{0.2}O_{3-\alpha}$	0.875 8	0.618 9	0.619 4	0.335 7

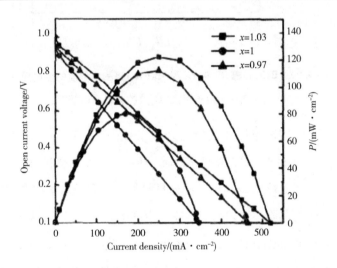

图 4.30 燃料电池 $H_2(wet),Pt|Ba_xCe_{0.8}Ho_{0.2}O_{3-\alpha}|Pt,Air(wet)$ 的电流密度 － 电压 － 功率密度曲线

4.3　烧结助剂的影响

烧结活性是关系到质子导体氧化物材料实际应用的决定性因素。而以 BaCeO₃基、BaZrO₃基质子导体为主的质子导体氧化物通常烧结活性较差,因此电解质材料的烧结温度将大大提升,以确保电解质有足够的致密度来隔绝燃料极和空气极之间的气体传输,同时减少晶界的数量,以提高电解质材料的电性能。通常除了采用合成超细粉的方法来降低材料的烧结温度外,人们更多地是研究加入烧结助剂来达到降低 BaCeO₃基氧化物材料的烧结温度的目的。

烧结助剂的选择目前以过渡金属氧化物为主,另外还有一些其他的低熔点氧化物如 B_2O_3,还有 LaF_3、YF_3 等低熔点的共晶物。研究者们发现,当在 Ba-CeO₃中加入少量的过渡金属氧化物,如 CoO、CuO、FeO 等,BaCeO₃基样品的烧结温度可以下降 $100 \sim 150℃$[52]。然而也有发现加入烧结助剂虽然可以降低 BaCeO₃基样品的烧结温度,但是也会带来离子电导率或者化学稳定性的减小或下降。以前的研究也表明了在 BaCeO₃基材料中,化学稳定性和离子电导率是一对矛盾体[53-54],而化学稳定性与烧结活性似乎也是对立的,如果能找到一些既能提高 BaCeO₃基材料烧结活性,又能提高其化学稳定性的掺杂剂则对质子导体的发展是非常有意义的。

Gorbova 等[52]添加不同烧结助剂 MO_x(M = Cu,Ni,Zn,Fe,Co,Ti),利用高温固相方法制备了 $BaCe_{0.89}Gd_{0.1}M_{0.01}O_{3-\delta}$ 系列固溶体材料,研究了各种过渡金属对 $BaCe_{0.9}Gd_{0.1}O_{3-\delta}$(BCG)的烧结行为和电性能的影响。结果发现少量过渡金属掺杂可使 BCG 的烧结温度和煅烧温度分别降低 250℃ 和 150℃。同时,引入 1% 的锌、铁、钛使样品的相对密度增加了 6% ~7%,而镍和铜使样品的相对密度增加了 10% ~13%。SEM 图显示不同的烧结助剂对材料的孔及致密度的影响不同,如图 4.31 和图 4.32 所示,可以明显看出 $BaCe_{0.9}Gd_{0.1}O_{3-\delta}$ 材料沿着晶界存在很多气孔;而含 Cu 的样品具有较大的平均晶粒尺寸;含 Ni 的样品不仅颗粒度增大,样品的致密度也增大;含 Co 的样品也显示了明显的孔隙度。

$BaCe_{0.89}Gd_{0.1}Fe_{0.01}O_{3-\delta}$ 和 $BaCe_{0.89}Gd_{0.1}Zn_{0.01}O_{3-\delta}$ 样品的平均晶粒尺寸在 $3\mu m$ 以上,而 $BaCe_{0.89}Gd_{0.1}Ti_{0.01}O_{3-\delta}$ 样品明显较小(约 $1\mu m$);但是该三个样品的相对密度几乎是相同的(约 90%)。电导率测量表明引入 1% 铜的样品无论是在湿氢和湿空气氛下都具有最高的电导率值。

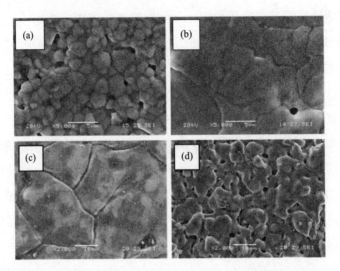

图4.31　(a)1600℃烧结 3 h 的 $BaCe_{0.9}Gd_{0.1}O_{3-\delta}$ 和在 1450℃烧结 3 h 的 (b) $BaCe_{0.89}Gd_{0.1}Cu_{0.01}O_{3-\delta}$,(c) $BaCe_{0.89}Gd_{0.1}Ni_{0.01}O_{3-\delta}$,(d) $BaCe_{0.89}Gd_{0.1}Co_{0.01}O_{3-\delta}$ 的 SEM 图

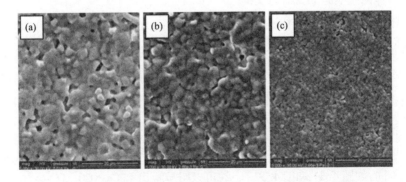

图4.32　在1450℃烧结 3 h 的(a) $BaCe_{0.89}Gd_{0.1}Fe_{0.01}O_{3-\delta}$,(b) $BaCe_{0.89}Gd_{0.1}Zn_{0.01}O_{3-\delta}$ 和(c) $BaCe_{0.89}Gd_{0.1}Ti_{0.01}O_{3-\delta}$ 的 SEM 图

4.4 金属氧化物复合

为了进一步提高 BaCeO$_3$ 基材料的化学稳定性,Hirabayashi 等[55] 在 Ce$_{0.8}$Sm$_{0.2}$O$_{1.9}$(SDC)层上制备了一薄层 BaCe$_{1-x}$Sm$_x$O$_{3-a}$ 电解质;Sun 等[56] 将 BaCe$_{0.8}$Sm$_{0.2}$O$_{3-\delta}$ 与 Ce$_{0.8}$Sm$_{0.2}$O$_{2-\delta}$ 进行复合;Yu 等[57] 制备了 BaCe$_{0.8}$Y$_{0.2}$O$_{2.9}$－Ce$_{0.85}$Sm$_{0.15}$O$_{1.925}$ 复合电解质;这些复合电解质在某种程度上改善了电化学性能。Li 等[58] 采用甘氨酸－硝酸盐法合成 Ce$_{0.85}$Sm$_{0.15}$O$_{1.92}$(SDC)电解质材料,采用溶胶－凝胶法合成 BaCe$_{0.83}$Y$_{0.17}$O$_{3-\delta}$(BCY)电解质材料,然后将 SDC 和 BCY 按照不同重量比混合(95∶5,90∶10,85∶15)制备了 Ce$_{0.85}$Sm$_{0.15}$O$_{1.92}$·BaCe$_{0.83}$Y$_{0.17}$O$_{3-\delta}$(SDC－BCY)复合电解质材料(SB95,SB90,SB85),并进行了 SDC 和 SDC－BCY 复合材料的电性质研究。实验结果表明,SDC－BCY 复合材料表现出优异的导电性能,可以显著提高燃料电池性能,且 SDC－BCY 复合材料显示出混合质子和氧离子传导,如图 4.33 所示。在 600℃时,SB90 复合材料为电解质的燃料电池最高功率密度达到高达 159 mW·cm^{-2}。

彭开萍课题组进行了 Ce$_{0.8}$Gd$_{0.2}$O$_{1.9}$(GDC)－BaCe$_{0.8}$Y$_{0.2}$O$_{3-\delta}$(BCY)复合电解质的研究,发现当 GDC－BCY 复合电解质的烧结温度升高到 1550℃时,复合电解质中的两相会发生固相反应,并使电解质的电化学性能进一步提高[59-61]。为了进一步研究掺杂 CeO$_2$ 与掺杂 BaCeO$_3$ 的固相反应,王静任等[61] 采用溶胶－凝胶燃烧法和机械混合法制备 CeO$_2$－BaCeO$_3$、Ce$_{0.8}$Gd$_{0.2}$O$_{1.9}$(GDC)－BaCeO$_3$、CeO$_2$－BaCe$_{0.8}$Y$_{0.2}$O$_{3-\delta}$(BCY)及 GDC－BCY 复合粉末,复合粉末中两相的摩尔比为 1∶1,研究了掺杂元素对掺杂 CeO$_2$ 与掺杂 BaCeO$_3$ 固相反应的影响及 GDC－BCY 复合电解质的电化学性能。结果表明,掺杂元素能够抑制 BaO 的挥发,促使 GDC－BCY 复合电解质发生固相反应,形成以 BaCe$_{1-x-y}$Gd$_x$Y$_y$O$_{3-\alpha}$ 相为主的显微组织,其电导率大于单相 BCY,略小于单相 GDC。以 GDC－BCY 为电解质的单电池在 700℃时的最大功率密度为 0.657 W·cm^{-2},均高于相同条件下以单相 BCY、GDC 为电解质的单电池性能。

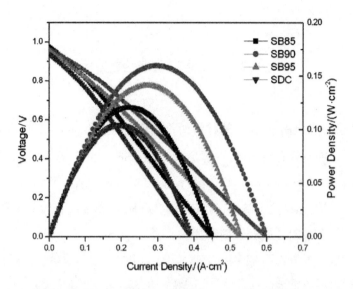

图 4.33　$BaCo_{0.7}Fe_{0.2}Nb_{0.1}O_{3-\delta}$ 为阴极，$Ni_{0.9}Cu_{0.1}O_x - Ce_{0.85}Sm_{0.15}O_{1.9}$ 为

阳极，SDC 和 BCY – SDC 为电解质 600℃时的单电池性能

Wang 等[62]分别采用甘氨酸 – 硝酸盐法和溶胶 – 凝胶法合成了 $Ce_{0.85}$ $Sm_{0.15}O_{1.925}$（SDC）和 $BaCe_{0.83}Y_{0.17}O_{3-\delta}$（BCY）电解质材料，然后将 SDC 和 BCY 按照重量比混合制备了 SDC – BCY 复合电解质材料 SB91（9∶1），SB82（8∶ 2），SB73（7∶3）。XRD 表明 Sm^{3+} 从 SDC 扩散到 BCY，SEM 发现复合电解质材料的平均粒径随着 BCY 含量的增加而减小。阻抗谱研究表明添加 10 ~ 20 wt.％的 BCY 可以显著降低 SDC 的晶界电阻。相比于 BCY 和 SDC，BCY – SDC 的界面极化电阻 R_p 大大减小。其中 SB91 复合材料为电解质的燃料电池开路条件下总电阻最低，在 800℃时，最高功率密度达到高达 495 mW·cm^{-2}。赵晓慧等[63]采用一步溶胶 – 凝胶法制备了摩尔比分别为 9∶1、7∶3、5∶5 和 3∶7 的复合电解质 $Ce_{0.8}Sm_{0.2}O_{1.9}$（SDC）– $BaCe_{0.8}Sm_{0.2}O_{2.9}$（BCS）粉末，研究复合电解质 SDC – BCS 的相组成对其电导率及其电化学性能的影响。结果发现随着 SDC 含量的增加，复合电解质 SDC – BCS 的晶粒尺寸增大、电导率提高；复合电解质的晶界电导率均高于单相 SDC 的晶界电导率，见图 3.42。由于晶界电导是由界面的性质与界面面积决定的。在复合电解质中，存在 SDC 与 SDC、BCS 与 BCS 之间的晶界，BCS 与 SDC 之间也存在相界，当不同成分复合电解质的晶粒

大小存在差异时,会导致界面面积的不同,但是由图 4.34 的结果可以肯定的
是,相界的存在可以改善晶界电导,但是,晶界电导还与晶界的面积,即晶粒尺
寸有关,晶界面积增大,电导率下降。不同成分的复合电解质制备的 NiO – SDC
– BCS ǀ SDC – BCS ǀ LSCF – SDC – BCS 单电池的功率密度随着 SDC 含量的增
加而提高,见图 4.35。当 SDC∶BCS 的摩尔比为 9∶1 时,其单电池 700℃的最

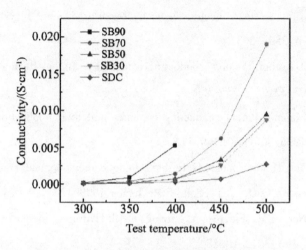

图 4.34　复合电解质 SDC – BCS 的晶界电导率
与测试温度的关系曲线

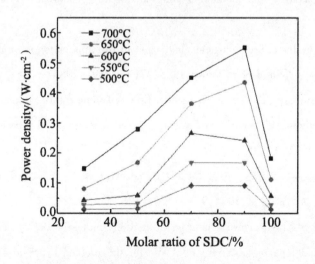

图 4.35　不同温度下单电池最大功率密度随复合电解质中 SDC 含量变化曲线

大功率密度达到 550 mW·cm^{-2},是 NiO - SDC ∣ SDC∣ LSCF - SDC 单电池最大功率密度的 3 倍。

参考文献

[1] H. Iwahara, T. Esaka, H. Uchida, et al. Proton conduction in sintered oxides and its application to steam electrolysis for hydrogen production[J]. Solid State Ionics, 1981, 3 - 4:359 - 363.

[2] K. D. Kreuer. Proton - conducting oxides[J]. Annual Review of Materials Research, 2003, 33(1):333 - 359.

[3] H. Iwahara, Proton conducting ceramics and their applications[J]. Solid State Ionics, 1996, 86 - 88(1):9 - 15.

[4] G. Ma, H. Matsumoto, H. Iwahara. Ionic conduction and nonstoichiometry in non - doped Ba$_x$CeO$_{3-\alpha}$[J]. Solid State Ionics, 1999, 122:237 - 247.

[5] T. Norby, M. Wideroe, Y. Larring, et al. Hydrogen in oxides[J]. Dalton Trans, 2004, (19):3012 - 3018.

[6] H. Iwahara, H. Uchida, N. Maeda. High temperature fuel and steam electrolysis cells using proton conduction solid electrolyte[J]. Journal of Power Sources, 1982, 7(3):293 - 301.

[7] H. Iwahara, Technological challenges in the application of proton conducting ceramics[J]. Solid State Ionics, 1995, 77(1):289 - 298.

[8] H. Iwahara, T. Yajima, H. Ushida. Effect of ionic radii of dopants on mixed ionic conduction (H$^+$ + O^{2-}) in BaCeO$_3$ - based electrolytes[J]. Solid State Ionics, 1994, 70 - 71(1):267 - 271.

[9] 徐志弘, 温廷琏. 掺杂 BaCeO$_3$ 和 SrCeO$_3$ 在氧、氢及水气气氛下的电导性能[J]. 无机材料学报, 1994, 9(1):122 - 128.

[10] K. S. Knight. Powder neutron diffraction studies of BaCe$_{0.9}$Y$_{0.1}$O$_{2.95}$ and BaCeO$_3$ at 4.2 K:a possible structural site for the proton[J]. Solid State Ionics, 2000, 127(1 - 2):43 - 48.

[11]仇立干,王茂元,朱玮,等. 质子导体 $BaCe_{0.8}Lu_{0.2}O_{3-\alpha}$ 的电性能[J]. 无机化学学报,2011,30(11):2503 – 2508.

[12]马桂林,仇立干,贾定先,等. $BaCe_{0.8}Y_{0.2}O_{3-\alpha}$ 固体电解质的离子导电性及其燃料电池性能[J]. 无机化学学报,2001,17 (6):853 – 858.

[13]陈蓉,马桂林,李宝宗. $Ba_{1.03}Ce_{0.8}Dy_{0.2}O_{3-\alpha}$ 固体电解质的合成及其离子导电性[J]. 无机化学学报,2002,18(12):1200 – 1204.

[14]仇立干,马桂林. $Ba_xCe_{0.8}Y_{0.2}O_{3-\alpha}$ 固体电解质的氧离子导电性[J]. 无机化学学报,2003,19(6):665 – 668.

[15]马桂林,仇立干,陶为华,等. $Ba_xCe_{0.8}Sm_{0.2}O_{3-\alpha}$ 固体电解质的离子导电性[J]. 中国稀土学报,2003,21(2):236 – 240.

[16]L. Qiu, G. Ma, D. Wen. Study on preparation and electrical properties of $Ba_{1.03}Ce_{0.8}Eu_{0.2}O_{3-a}$ solid electrolyte[J]. Journal of Rare Earths,2004,22(5):678 – 682.

[17]L. Qiu, G. Ma, D. Wen. Ionic conduction in $Ba_xCe_{0.8}Er_{0.2}O_{3-a}$[J]. Solid State Ionics,2004,166(1 – 2):69 – 75.

[18] L. Qiu, G. Ma, D. Wen. Properties and application of ceramic $BaCe_{0.8}Ho_{0.2}O_{3-a}$[J]. Chinese Journal of Chemistry,2005,23(12):1641 – 1645.

[19]L. Bi, Z. Tao, C. Liu, et al. Fabrication and characterization of easily sintered and stable anode – supported proton – conducting membranes[J]. Journal of Membrane Science,2009,336(1 – 2):1 – 6.

[20]Z. Tao, Z. Zhu, H. Wang, et al. A stable $BaCeO_3$ – based proton conductor for intermediate – temperature solid oxide fuel cells[J]. Journal of Power Sources, 2010,195:3481 – 3484.

[21]M. Amsif, D. Marrero – Lopez, J. C. Ruiz – Morales, et al. Influence of rare – earth doping on the microstructure and conductivity of $BaCe_{0.9}Ln_{0.1}O_{3-\delta}$ proton conductors[J]. Journal of Power Sources,2011,196(7):3461 – 3469.

[22]N. V. Sharova, V. P. Gorelov. Electroconductivity and ion transport in protonic solid electrolytes $BaCe_{0.85}R_{0.15}O_{3-\delta}$, where R is a rare – earth element[J].

Russian Journal of Electrochemistry,2003,39(5):461 – 466.

[23] H. Matsumotoa, Y. Kawasakia, N. Ito, et al. Relation between electrical conductivity and chemical stability of $BaCeO_3$ – based proton conductors with different trivalent dopants[J]. Electrochemical and Solid – State Letters,2007,10(4): B77 – B80.

[24] A. S. Babu, R. Bauri. Phase evolution and morphology of nanocrystalline $BaCe_{0.9}Er_{0.1}O_{3-\delta}$ proton conducting oxide synthesised by a novel modified solution combustion route[J]. Journal of Physics and Chemistry of Solids,2015,87:80 – 86.

[25] X. Meng, N. Yang, J. Song, et al. Synthesis and characterization of terbium doped barium cerates as a proton conducting SOFC electrolyte[J]. International Journal of Hydrogen Energy,2011,36(20):13067 – 13072.

[26] H. Iwahara, T. Yajima, T. Hibino, et al. Performance of solid oxide fuel cell using proton and oxide ion mixed conductors based on $BaCe_{1-x}Sm_xO_{3-\delta}$[J]. Journal of The Electrochemical Society,1993,140(6):1687 – 1691.

[27] R. Peng, Y. WU, Z. MAO, et al. Electrochemical properties of intermediate – temperature SOFCs based on proton conducting Sm – doped $BaCeO_3$ electrolyte thin film[J]. Solid State Ionics,2006,177(3 – 4):389 – 393.

[28] L. Bi, S. Zhang, S. Fang, et al. Preparation of an extremely dense $BaCe_{0.8}Sm_{0.2}O_{3-\delta}$ thin membrane based on an in situ reaction[J]. Electrochemistry Communications,2008,10(7):1005 – 1007.

[29] W. Wang, J. Liu, Y. Li, et al. Microstructures and proton conduction behaviors of Dy – doped $BaCeO_3$ ceramics at intermediate temperature[J]. Solid State Ionics,2010,181(15):667 – 671.

[30] 刘魁,周会珠,戴磊,等. $BaCe_{1-x}Mn_xO_3$ 材料的制备和电性能研究[J].人工晶体学报,2009,38:155 – 158.

[31] L. Bi, S. Zhang, S. Fang, et al. A novel anode supported $BaCe_{0.7}Ta_{0.1}Y_{0.2}O_{3-\delta}$ electrolyte membrane for proton – conducting solid oxide fuel cell[J]. Electrochemistry Communications,2008,10(10):1598 – 1601.

[32] K. Xie, R. Yan, X. Xu, et al. A stable and thin $BaCe_{0.7}Nb_{0.1}Gd_{0.2}O_{3-\delta}$ membrane prepared by simple all-solid-state process for SOFC[J]. Journal of Power Sources,2009,187:403-406.

[33] K. Xie, R. Yan, X. Xu, et al. The chemical stability and conductivity of $BaCe_{0.9-x}Y_xNb_{0.1}O_{3-\delta}$ proton-conductive electrolyte for SOFC[J]. Materials Research Bulletin,2009,44:1474-1480.

[34] F. Zhao, F. Chen. Performance of solid oxide fuel cells based on proton-conducting $BaCe_{0.7}In_{0.3-x}Y_xO_{3-\delta}$ electrolyte[J]. International Journal of Hydrogen Energy,2010,35(20):11194-11199.

[35] C. Zhang, H. Zhao. Influence of In content on the electrical conduction behavior of Sm-and In-co-doped proton conductor $BaCe_{0.80-x}Sm_{0.20}In_xO_{3-\delta}$ [J]. Solid State Ionics,2012,206,17-21.

[36] Z. Shi, W. Sun, Z. Wang, et al. Samarium and yttrium codoped $BaCeO_3$ proton conductor with improved sinterability and higher electrical conductivity [J]. ACS Applied Materials & Interfaces,2014,6:5175-5182.

[37] I. Huang, H. Peng, S. Zheng, et al. Phase stability and conductivity of $Ba_{1-y}Sr_yCe_{1-x}Y_xO_{3-\delta}$ solid oxide fuel cell electrolyte[J]. Journal of Power Sources, 2009,193(1):155-159.

[38] T. Yajima, H. Iwahara, H. Uchida. Protonic and oxide ionic conduction in $BaCeO_3$-based ceramics — effect of partial substitution for Ba in $BaCe_{0.9}O_{3-\alpha}$ with Ca[J]. Solid State Ionics,1991,47(1-2):117-124.

[39] G. Ma, T. Shimura, H. Iwahara. Simultaneous doping with La^{3+} and Y^{3+} for Ba^{2+} and Ce^{4+} sites in $BaCeO_3$ and the ionic conduction[J]. Solid State Ionics, 1999,120(1-4):51-60.

[40] 王茂元,仇立干,孙玉凤. $Ba_{0.9}Sr_{0.1}Ce_{0.9}Nd_{0.1}O_{3-\alpha}$陶瓷的离子导电性 [J]. 无机化学学报,2012,28(2):285-290.

[41] Y. Wang, H. Wang, T. Liu, et al. Improving the chemical stability of $BaCe_{0.8}Sm_{0.2}O_{2.9}$ electrolyte by Cl doping for proton-conducting solid oxide fuel

cell[J]. Electrochemistry Communications,2013,28:87 - 90.

[42]F. Su,C. Xia,R. Peng. Novel fluoride - doped barium cerate applied as stable electrolyte in proton conducting solid oxide fuel cells[J]. Journal of the European Ceramic Society,2015,35:3553 - 3558.

[43]D. Shima,S. M. Haile. The influence of cation non - stoichiometry on the properties of undoped and gadolinia - doped barium cerate[J]. Solid State Ionics,1997,97:443 - 455.

[44]G. Ma,H. Matsumoto,H. Iwahara. Ionic conduction and nonstoichiometry in non - doped $Ba_xCeO_{3-\alpha}$[J]. Solid State Ionics,1999,122(1 - 4):237 - 247.

[45]马桂林,仇立干,陈蓉. $Ba_xCe_{0.8}Y_{0.2}O_{3-\alpha}$ 固体氧化物燃料电池性能[J]. 化学学报,2002,60 (12):2135 - 2140.

[46]马桂林,仇立干,陶为华,等. $Ba_xCe_{0.8}Sm_{0.2}O_{3-\alpha}$ 固体电解质的离子导电性[J]. 中国稀土学报,2003,21(2):236 - 240.

[47]L. Qiu,G. Ma,D. Wen. Ionic conduction in $Ba_xCe_{0.8}Er_{0.2}O_{3-\alpha}$[J]. Solid State Ionics,2004,166(1 - 2):69 - 75.

[48]L. Qiu,G. Ma,D. Wen. Study on preparation and electrical properties of $Ba_{1.03}Ce_{0.8}Eu_{0.2}O_{3-\alpha}$ solid electrolyte[J]. Journal of Rare Earths,2004,22(5):678 - 682.

[49]Kikuchi J,Koga S,Kishi K,et al. Ionic conductivity in lanthanoid ion-doped $BaCeLnO_3$ electrolytes[J]. Solid State Ionics,2008,179(27):1413 - 1416.

[50]K. Nomura,S. Tanase. Electrical conduction behavior in $(La_{0.9}Sr_{0.1})M^{III}O_{3-\delta}(M^{III} = Al,Ga,Sc,In,and Lu)$ perovskites[J]. Solid State Ionics,1997,98(3 - 4):229 - 236.

[51]王茂元,仇立干. 固体电解质 $Ba_xCe_{0.8}Ho_{0.2}O_{3-\alpha}$ 的导电性及其燃料电池性能[J]. 无机化学学报,2009,25(2):339 - 344.

[52]E. Gorbova,V. Maragou,D. Medvedev,et al. Influence of sintering additives of transition metals on the properties of gadolinium - doped barium cerate[J]. Solid State Ionics,2008,179(21 - 26):887 - 890.

[53] P. Babilo, S. M. Haile. Enhanced sintering of yttrium – doped barium zirconate by addition ZnO[J]. Journal of American Ceramic Society, 2005, 88:2362 – 2368.

[54] K. D. Kreuer, St. Adams, W. Münch, et al. Proton conducting alkaline earth zirconates and titanates for high drain electrochemical applications[J]. Solid State Ionics, 2001, 145(1 – 4):295 – 306.

[55] D. Hirabayashi, A. Tomita, S. Teranishi, et al. Improvement of a reduction – resistant $Ce_{0.8}Sm_{0.2}O_{1.9}$ electrolyte by optimizing a thin $BaCe_{1-x}Sm_xO_{3-\alpha}$ layer for intermediate – temperature SOFCs[J]. Solid State Ionics, 2005, 176(9/10):881 – 887.

[56] W. Sun, Y. Jiang, Y. Wang, et al. A novel electronic current – blocked stable mixed ionic conductor for solid oxide fuel cells[J]. Journal of Power Sources, 2011, 196(1):62 – 68.

[57] J. Yu, N. Tian, Y. Deng, et al. Fabrication and Characterization of $BaCe_{0.8}Y_{0.2}O_{2.9}$ – $Ce_{0.85}Sm_{0.15}O_{1.925}$ Composite Electrolytes for IT – SOFCs[J]. Science China – Chemistry, 2014, 58(3):473 – 477.

[58] B. Li, S. Liu, X. Liu, et al. Electrical properties of SDC – BCY composite electrolytes for intermediate temperature solid oxide fuel cell[J]. International Journal of Hydrogen Energy, 2014, 39(26):14376 – 14380.

[59] 林冬, 王群浩, 彭开萍. 固体氧化物燃料电池复合电解质粉体 $BaCe_{0.8}Y_{0.2}O_{3-\delta}$ – $Ce_{0.8}Gd_{0.2}O_{1.9}$ 的制备及表征[J]. 硅酸盐学报, 2012, 40(5):752 – 757.

[60] D. Lin, Q. Wang, K. Peng, et al. Phase formation and properties of composite electrolyte $BaCe_{0.8}Y_{0.2}O_{3-\delta}$ – $Ce_{0.8}Gd_{0.2}O_{1.9}$ for intermediate temperature solid oxide fuel cells[J]. Journal of Power Sources, 2014, 205:100 – 107.

[61] 王静任, 刘宏光, 彭开萍. 固相反应对钆掺杂二氧化铈和钇掺杂铈酸钡电解质电化学性能的影响[J]. 硅酸盐学报, 2015, 43(2):189 – 194.

[62] H. Wang, L. Zhang, X. Liu, et al. Electrochemical study on $Ce_{0.85}Sm_{0.15}$

$O_{1.925}$ – $BaCe_{0.83}Y_{0.17}O_{3-\delta}$ composite electrolyte[J]. Journal of Alloys and Compounds,2015,632:686 – 694.

[63]赵晓慧,牟雪萍,熊月龙,等. $Ce_{0.8}Sm_{0.2}O_{1.9}$ – $BaCe_{0.8}Sm_{0.2}O_{2.9}$复合电解质的成分对其电化学性能的影响[J]. 人工晶体学报,2017,46(7):1300 – 1306.

第5章 BaZrO$_3$基质子导体

目前所知的简单钙钛矿型质子导体主要有碱土金属铈酸盐和锆酸盐,而掺杂后的铈基钙钛矿氧化物 $ACe_{1-x}M_xO_{3-\delta}$($A = Ca$、Sr、Ba)是迄今为止发现的电导率最高的高温质子导体[1-10],但其抗还原性较差,在含 CO_2 气氛中易分解形成 CeO_2 和碳酸盐,导致其电导率下降[8-17]。

锆酸盐系列氧化物质子导体具有良好的抗还原性以及与水蒸气的相容性,化学稳定性和机械强度较铈酸盐好,且体积电导高,具有良好的化学稳定性和较高的晶粒电导率,是作为质子导电性固体氧化物燃料电池的重要候选材料,然而,较高的晶界阻抗致使其总电导率较低[18-22]。掺杂的 $SrZrO_3$ 系列氧化物的导电率比相应掺杂的 $SrCeO_3$ 低,但质子迁移所需的活化能却比 $SrCeO_3$ 和 $CaZrO_3$ 高,而且 $SrZrO_3$ 在高温下对 CO_2 的稳定性远远高于 $SrCeO_3$ 材料。不仅如此,$SrZrO_3$ 在高于 $900℃$ 的温度下仍然几乎是一个纯粹的质子导体。Yajima 等[22]将 Yb^{3+}、Y^{3+}、Ga^{3+}、Al^{3+} 和 In^{3+} 等掺杂入 $SrZrO_3$,发现当掺杂离子的半径小于 Yb^{3+} 的半径时,质子导电率随着离子半径的增大而增大,当掺杂离子的半径大于 Yb^{3+} 的半径后,质子导电率随着离子半径的增大而减小。掺杂的 $BaZrO_3$ 系列氧化物虽然具有稳定的晶格结构,高的熔点,很小的膨胀系数,但是其烧结温度太高(高达 $1700℃$),在烧结过程中将导致电极和 $BaZrO_3$ 基电解质发生化学反应。Tao 等[23]在烧结过程中添加了 1 wt% 的燃烧助剂 ZnO,在 $1325℃$ 即成功合成了 $BaZr_{0.8}Y_{0.2}O_{3-\delta}$ 材料,相对密度达96%。添加 ZnO 助剂的烧结样品 $Ba_{0.97}Zr_{0.77}Y_{0.19}Zn_{0.04}O_{3-\delta}$ 为正方结构,空间群 P4/mbm (127)。$Ba_{0.97}$

$Zr_{0.77}Y_{0.19}Zn_{0.04}O_{3-\delta}$ 的总电导率在 600℃ 以上为 1.0 mS·cm^{-1}，且高温时的晶界阻抗几乎可以忽略。

5.1 低价离子掺杂的影响

5.1.1 单离子 B 位掺杂

对于未掺杂的 $BaZrO_3$，氧缺陷只能由自身结构缺陷形成，所以浓度很低，而氧缺陷对质子的产生及传导起着极其重要的作用。为了提高材料氧缺陷的浓度，对 $BaZrO_3$ 进行掺杂是一种简单有效的方法。$BaZrO_3$ 经低价元素 M^{n+}（$n < 4$）（如 Al、Dy、Fe、Ga、Gd、Ho、In、Nd、Pr、Sc、Y、Yb 等）掺杂后，部分取代 $BaZrO_3$ 中的 Zr 形成 $BaZr_{1-x}M_xO_{3-\delta}$[24-35]。

Eschenbaum 等[20]使用溶胶 – 凝胶法在较低的烧结温度下制得了 Yb 掺杂的 $SrYb_xZr_{1-x}O_{3-x/2}$ 电解质陶瓷膜，通过核共振反应分析（NRRA）衡量了 Yb 掺杂的 $SrZrO_3$ 电解质薄膜的绝对氢含量。Gorelov 等[24]考察了各种制备工艺参数对 $BaZr_{0.9}Y_{0.1}O_3$ 质子导电陶瓷密度的影响。发现利用共沉淀法制得锆和钇的氢氧化物前驱体，再通过与碳酸钡固态反应合成，经 1700℃ 烧结后的样品为致密陶瓷（理论密度 94% ~ 96%）。在不同温度和氧气分压下测定了 $BaZr_{0.93}R_{0.07}O_{3-\alpha}$（R = Sc，Y，Ho，Dy，Gd，In）质子导电陶瓷的电导率，发现掺杂材料的总电导率大小顺序为：Y > Ho > Sc > Dy，In > Gd，如图 5.1 和图 5.2 所示。因此笔者认为掺杂离子半径与材料电导率没有相关性。在空气氛下，$BaZr_{0.93}R_{0.07}O_{3-\alpha}$（R = Sc，Y，Ho，Dy，Gd，In）质子导电陶瓷为离子和空穴导电。在 800℃ 时，$BaZr_{0.93}Y_{0.07}O_{3-\alpha}$ 的离子迁移数为 0.16，离子电导率为 3.6×10^{-4} S·cm^{-1}。

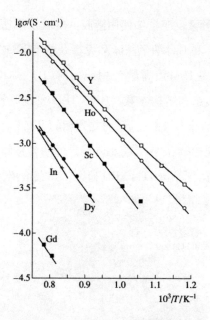

图 5.1 在水蒸气饱和的空气氛中 $BaZr_{0.93}R_{0.07}O_{3-\alpha}$ 的
总电导率 Arrhenius 曲线

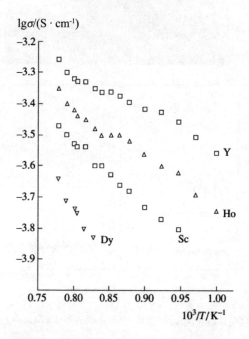

图 5.2 在还原性气氛中 $BaZr_{0.93}R_{0.07}O_{3-\alpha}$ 的总电导率 Arrhenius 曲线

Groß 等[25]在微乳液反应器中使用溶胶 – 凝胶水解法分别制备了 $BaZr_{0.85}$ $Me_{0.15}O_{2.925}$（M = Y,In 和 Ga）纳米晶体和无掺杂的 $BaZrO_3$ 微晶粉末样品,利用高分辨透射电镜(HR – TEM)、高温 X 射线衍射(HT – XRD)和中子散射实验研究了纳米陶瓷的形态和结构参数。HR – TEM 发现原始粉末样品由直径大小为 5 ~ 10 nm 的纳米球形微晶构成,为立方相的 $BaZrO_3$,对 $BaZr_{0.85}Y_{0.15}O_{2.925}$ 样品,EDXS 测量发现掺杂 Y 离子在晶体接界处的含量较高,即掺杂离子在晶界富集,如图 5.3 所示。原位 HT – XRD 研究了掺杂剂离子半径的不同对微晶

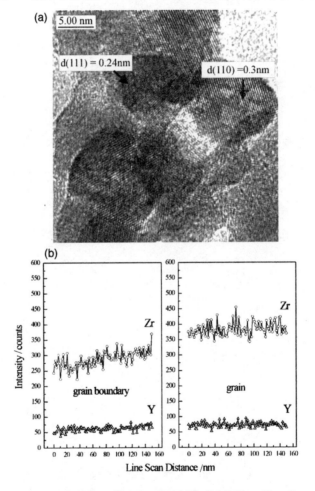

图 5.3 （a）$BaZr_{0.85}Y_{0.15}O_{2.925}$ 的 HR – TEM 图；（b）$BaZr_{0.85}Y_{0.15}O_{2.925}$ 的 EDX 谱线扫描:在晶界处扫描（左）和在晶体上扫描（右）

生长的影响,发现所有掺杂的锆酸盐的平均微晶尺寸 D_{vol} 均在 17～23 nm 之间,远远小于无掺杂样品的 D_{vol}($D_{vol} > 100$ nm),且晶体生长开始于 200℃ 及以上温度,这说明掺杂离子半径对晶体生长没有影响。准弹性中子散射(QENS)光谱显示纳米晶样品的受限 H 的迁移要比多晶样品慢得多,见图 5.4。

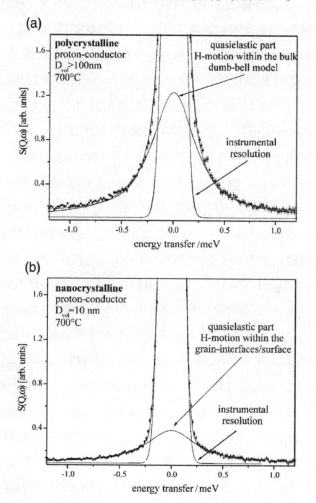

图5.4　(a)微晶样品和(b)纳米晶样品的动态结构因子 $S(Q,\omega)$ 图

Fabbri 等[26]采用溶胶－凝胶法制备了 Y_2O_3 掺杂的 BaZrO₃ 基电解质(Ba-$Zr_{1-x}Y_xO_{3-\delta}$,$0.2 \leqslant x \leqslant 0.6$),研究了材料的晶体结构和导电行为。结果表明当

Y 的掺杂量介于 0.2 ~ 0.5 之间时，Y_2O_3 可以全部固溶到 $BaZrO_3$ 基体中，形成单相立方钙钛矿结构。但是质子浓度并没有随着 Y 掺杂量的增加而增大，且晶粒和晶界电导率随着 Y 掺杂量的增加而逐渐下降。这说明掺杂量在 0 ~ 0.2 的范围内研究是正确的，增加掺杂剂的含量并不利于改善质子导电性。Gu 等[27] 采用高温固相法制备了 Dy^{3+} 掺杂的 $BaZr_{1-x}Dy_xO_{3-\delta}$ ($x = 0, 0.05, 0.10,$ 0.15, 0.20)陶瓷材料，所有材料均为单一立方相钙钛矿结构。随着 Dy_2O_3 掺杂量的增加，XRD 谱图中的衍射特征峰有规律地向低角方向偏移，这说明 Dy_2O_3 掺杂进入到 $BaZrO_3$ 的晶格形成了固溶体。1973 K 煅烧 10 h 的 $BaZr_{1-x}Dy_xO_{3-\delta}$ 系列陶瓷材料的 SEM 图如图 5.5 所示，不同含量的 Dy^{3+} 掺杂后的 $BaZr_{1-x}Dy_x$ $O_{3-\delta}$ 陶瓷材料的微观形貌并没有出现明显的差异，大体上十分相似，所有晶粒都具有非常鲜明的棱角。当 Dy^{3+} 掺杂量为 0.05 时，$BaZr_{0.95}Dy_{0.05}O_{3-\delta}$ 电解质的晶粒尺寸在 1 ~ 3 μm 之间，伴随着 Dy^{3+} 掺杂量的不断增加，晶粒尺寸有轻微的逐渐增大的趋势；当掺杂量达到 0.20 时，$BaZr_{0.80}Dy_{0.20}O_{3-\delta}$ 电解质的晶粒尺寸最大。这表明掺杂 Dy_2O_3 在晶格中的固溶可以促进掺杂锆酸钡陶瓷的晶粒生长。用交流阻抗谱测试了不同 $BaZr_{1-x}Dy_xO_{3-\delta}$ 材料在 723 ~ 1073 K 温度范围内，在空气和不同 H_2O-H_2 气氛中的电阻，计算了其电导率、指前因子和活化能。$BaZr_{1-x}Dy_xO_{3-\delta}$ 材料的总电导率遵循 Arrhenius 关系，如图 5.6 所示，无论在湿润氢气氛中，还是在空气氛中总电导率都随着温度的升高而增大。在 $BaZr_{1-x}Dy_xO_{3-\delta}$($x = 0, 0.05, 0.10, 0.15, 0.20$)陶瓷材料中，$BaZr_{0.90}Dy_{0.10}O_{3-\delta}$ 陶瓷在 1073 K 下的总电导率最大，在 4% H_2O-H_2 中的电导率为 7.90×10^{-3} S · cm^{-1}，在空气中的电导率为 7.31×10^{-3} S · cm^{-1}。由此可见，如果过量地掺杂 Dy^{3+} 离子并不能有效地提高 $BaZr_{1-x}Dy_xO_{3-\delta}$($x = 0, 0.05, 0.10, 0.15, 0.20$)陶瓷材料电解质在 4% H_2O-H_2 和空气中的电学性能。同时，无论在湿氢气氛中，还是在空气氛中，$BaZr_{1-x}Dy_xO_{3-\delta}$($x = 0, 0.05, 0.10, 0.15, 0.20$)陶瓷材料的活化能都明显低于无掺杂的 $BaZrO_3$ 陶瓷材料。Gu 等还选取 $BaZr_{0.90}Dy_{0.10}O_{3-\delta}$ 陶瓷分别在水分压为 4%（303K）、10%（318K）和 20%（333K）的氢气氛下测试电解质的电导率，研究水分压对电解质电学性能的影响。如图 5.7 所示，$BaZr_{0.90}Dy_{0.10}O_{3-\delta}$ 陶瓷的电导率在 723 ~ 1073 K 的温度范围内几乎不受水蒸气的影响。

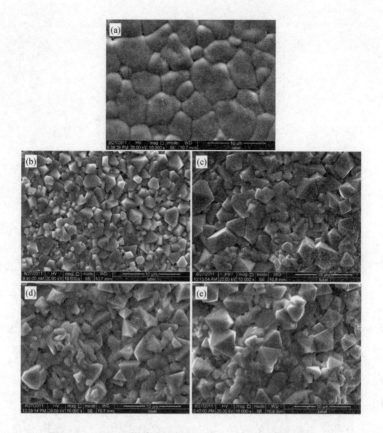

图 5.5 1973 K 煅烧 10 h 的 BaZr$_{1-x}$Dy$_x$O$_{3-\delta}$的 SEM 图

(a)$x=0$;(b)$x=0.05$;(c)$x=0.10$;(d)$x=0.15$;(e)$x=0.20$

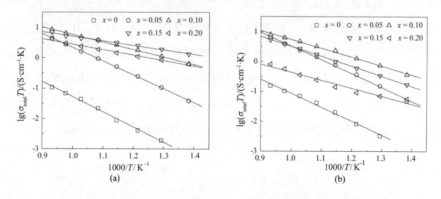

图 5.6 BaZr$_{1-x}$Dy$_x$O$_{3-\delta}$($x=0,0.05,0.10,0.15,0.20$)在

湿氢气氛中(a)和空气氛中(b)的 Arrhenius 曲线

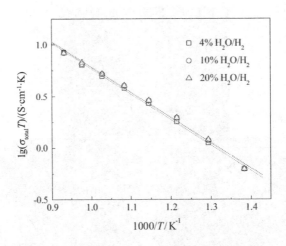

图 5.7　$BaZr_{0.90}Dy_{0.10}O_{3-\delta}$ 陶瓷在不同 H_2O/H_2
气氛下电导率的 Arrhenius 曲线

Kim 等[28]研究了 Fe^{3+} 掺杂的 $BaZr_{1-x}Fe_xO_{3-\delta}$ 材料,发现在高氧气分压下,空穴是主要的电荷载流子,空穴电导率与 Fe 掺杂量并不存在线性关系。水对材料电导率的影响结果表明 $BaZr_{1-x}Fe_xO_{3-\delta}$ 材料在较低温度、湿润环境中为质子–电子混合导体。Bi 等[30]研究了 In 离子掺杂的 $BaZrO_3$ 基质子导体,发现 In 的掺杂有利于电解质膜的致密,掺 In 的 $BaZrO_3$ 烧结活性随着 In 含量的增加而提高,30 at% In 掺杂的 $BaZr_{0.7}In_{0.3}O_{3-\delta}$(BZI)的烧结活性最好。在 1600℃ 烧结 10 h 后的 BZI 几乎达到完全致密,而 Y 掺杂的 $BaZrO_3$ 样品在相同烧结条件下仍然多孔。掺 In 的 $BaZrO_3$ 烧结温度比传统掺 Y 的 $BaZrO_3$ 低,化学稳定性比传统掺 Y 的 $BaZrO_3$ 高。电导率的测量表明,与传统 Y 掺杂的 BaZrO3 样品相比,BZI 中 In 的掺杂改善了晶界质子电导率,在 700℃、湿 10% H_2 气氛下,总质子导电率为 1.7×10^{-3} S·cm^{-1}。同时,BZI 材料的稳定性实验表明 In 的掺杂在提高材料烧结活性的同时还提高了材料的化学稳定性,见图 5.8。

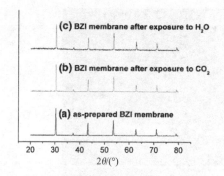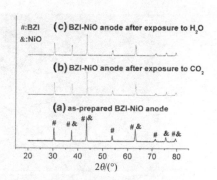

图 5.8　阳极支撑的 BZI 膜和 NiO – BZI 阳极暴露于 CO$_2$和沸水后的 XRD 图

Gao 等[34]用 gel – casting 法采用 Yb、Dy、La 作为掺杂元素制备 BaZr$_{0.9}$M$_{0.1}$O$_{3-\delta}$(BZM)粉体和陶瓷,研究了离子掺杂对 BaZrO$_3$基质子导体烧结性能的影响。图 5.9 所示为用 gel – casting 法粉体制备的相应的 BZM 陶瓷的断裂表面的 SEM 照片,其中图(d)用相同组成的固相法(SSR)粉体制备的陶瓷,烧成温度 1600℃,保温 4 h。Gel – casting 陶瓷的烧成温度是 1500℃,保温 4 h。由图中可以看出,BZYb 和 BZDy 的显微结构有些相似,晶粒之间有些黏结,结构中含有一定的气孔率。而 BZLa 的结构致密,晶粒发育完整,晶界清晰,晶粒尺寸为 1 ~ 2 μm,只有极少的气孔。比较图(a)和图(d)可以看出,gel – casting 法制备的 BZYb 陶瓷比固相法粉体制成的陶瓷致密度高。虽然几种 gel – casting 陶瓷从粉体制备过程一直到陶瓷烧成工艺都是相同的,但烧成后陶瓷的显微结构却有极大差别,这说明不同的掺杂离子对 BaZrO$_3$基陶瓷的烧结性有很大影响,La 掺杂 BaZrO$_3$烧结性明显好于 Yb 和 Dy 掺杂的材料。而 Imashuku 等[35]研究了 Sc^{3+}掺杂 BaZrO$_3$和 Y 掺杂 BaZrO$_3$烧结性的不同。在 1600℃的温度下,BaZr$_{0.85}$Y$_{0.15}$O$_{3-\delta}$需要 100 h 的保温时间才能达到致密化,而 BaZr$_{0.85}$Sc$_{0.15}$O$_{3-\delta}$只需 24 h 就可得到相同的致密度,Sc 掺杂的 BaZrO$_3$烧结性明显好于 Y 掺杂的 BaZrO$_3$。

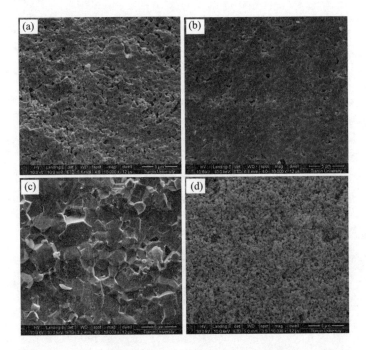

图 5.9　用 gel – casting 法粉体制备的陶瓷的断裂表面的 SEM 照片

(a)BZYb;(b)BZDy;(c)BZLa;(d)SSR BZYb

5.1.2　双离子 B 位掺杂

$BaZrO_3$ 电解质的电学性能研究多以在 B 位掺杂三价稀土氧化物为主,通过掺杂产生氧缺陷,从而在湿润的气氛中产生质子电导。单个稀土离子的掺杂虽然在一定程度上改善了 $BaZrO_3$ 基电解质的电导率及化学稳定性,然而离实际应用的要求依然很远。因此,很多研究者对 $BaZrO_3$ 基电解质进行双离子掺杂改性,研究其对材料结构和电化学性能的影响[36 –41]。

Fabbri 等[36]采用柠檬酸 – 硝酸盐燃烧法合成了 Pr 掺杂的质子导体 Ba-$Zr_{0.7}Pr_{0.1}Y_{0.2}O_{3-\delta}$(BZPY02)电解质材料,研究了样品的化学稳定性和质子导电性,发现样品在 1500℃烧结 8 h 后为致密的钙钛矿单相结构,晶粒平均尺寸为 1.7 μm。图 5.10 和图 5.11 分别为 BZPY02 电解质材料在 H_2O 和 CO_2 气氛中的 TG 曲线,可以看出,与 BZY 相比,BZPY02 在低温下、H_2O 气氛中具有更高的质子浓度,这可能是因为 Pr^{3+} 的掺杂使得 BZPY02 中产生了更多的氧空位缺陷;且 BZPY02 在 500℃ 以上、CO_2 气氛中无任何化学反应发生,比 $BaCe_{0.7}Pr_{0.1}Y_{0.2}O_{3-\delta}$(BCPY)有更好的化学稳定性。此外,BZPY02 电解质在燃料电池的运行条件下显示了良好的化学稳定性和优异的质子导电性,开路电压在 500℃、550℃、600℃ 和 650℃ 分别为 0.99 V、0.96 V、0.93 V 和 0.9 V,最大功率密度在 500℃、550℃、600℃ 和 650℃ 分别为 26 mW · cm^{-2}、55 mW · cm^{-2}、81 mW · cm^{-2} 和 108 mW · cm^{-2}。顾庆文等[37]也研究了 $BaZr_{0.7}Pr_{0.1}Y_{0.2}O_{3-\delta}$ 质子导体材料。采用柠檬酸 – 硝酸盐燃烧法,其中总金属离子(ΣM^{Z+})与柠檬酸(CA)摩尔比为 1∶1.5,在 1150℃ 热处理 5 h 合成了质子导体材料 $BaZr_{0.7}Pr_{0.1}Y_{0.2}O_{3-\delta}$(BZPY)和 $BaZr_{0.7}Pr_{0.1}Y_{0.16}Zn_{0.04}O_{3-\delta}$(BZPYZn),研究了 Zn 掺杂对样品的物相、烧结活性、热膨胀系数及电化学性能等的影响。结果表明:BZPYZn 粉体经 1100℃ 煅烧 5 h 后呈单一的钙钛矿结构;随烧结温度的升高(从 1300℃ 到 1400℃),BZPYZn 陶瓷体的晶粒尺寸增大,而孔隙率减小;1350℃ 保温 5 h 烧结的 BZPYZn 陶瓷样品的相对密度达到 97.3%。而 BZPY 粉体在 1150℃ 煅烧 5 h 仍存在少量的 $BaCO_3$ 杂相,升温至 1200℃ 时,$BaCO_3$ 杂相才完全消失。在 500 ~ 800℃ 范围内,空气氛中,BZPYZn 样品的电导率从 3.86×10^{-4} S · cm^{-1} 增大到 1.62×10^{-2} S · cm^{-1};潮湿 H_2 气氛中,BZPYZn 样品的电导率从 1.016×10^{-3} S · cm^{-1} 增大至 8.2×10^{-3} S · cm^{-1}。室温至 1000℃ 范围内,BZPYZn 的热膨胀系数为 9.2×10^{-6}K^{-1},表明其与稀土铁酸盐系列阴极材料的 TEC 相匹配。

Kostol 等[38]通过测量在含水气氛和 H/D 同位素交换(400℃)过程中的阻抗谱,研究了质子导体 $BaZr_{0.7}Pr_{0.2}Y_{0.1}O_{3-\delta}$ 陶瓷的晶粒和晶界电导率。结果表明,水沿着晶界核心快速流动,然后在晶界核心处与空间电荷层交互作用,随后在晶粒内部相互作用。在含水气氛和 H/D 同位素交换对 $BaZr_{0.7}Pr_{0.2}Y_{0.1}O_{3-\delta}$ 陶瓷的晶粒电导的影响有简单的线性关系,说明了 $BaZr_{0.7}Pr_{0.2}Y_{0.1}O_{3-\delta}$ 陶瓷中质子电导占主导。晶界电导表现出滞后的变化,在水化过程中,核心电荷和晶界电阻似乎经过短暂的最小值,这与核心和晶粒内部之间的缺陷的非平衡分布有关,尤其是因为质子扩散速度比晶界和晶粒间的氧空位快。

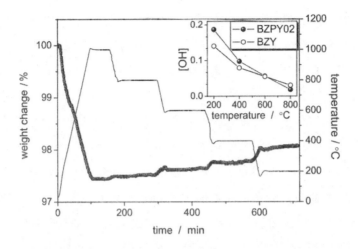

图 5.10 $BaZr_{0.7}Pr_{0.1}Y_{0.2}O_{3-\delta}$（BZPY02）粉末样品在 0.03 atm 的水分压条件下的 TG 曲线。小插图中为 BZPY02 和 $BaZr_{0.8}Y_{0.2}O_{3-\delta}$（BZY）20 样品的质子浓度 – 温度依赖关系

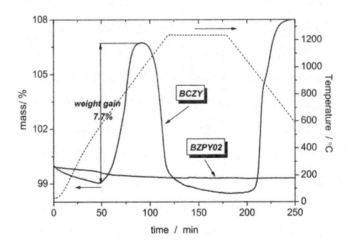

图 5.11 $BaZr_{0.7}Pr_{0.1}Y_{0.2}O_{3-\delta}$（BZPY02）和 $BaCe_{0.7}Pr_{0.1}Y_{0.2}O_{3-\delta}$（BCPY）粉末样品在 100% CO_2 条件下的 TG 曲线

Magrasó 等[39]研究了 Pr 掺杂的 BaZr$_{0.9-x}$Pr$_x$Gd$_{0.1}$O$_{3-\delta}$材料,Pr 的掺杂促进了 Gd:BaZrO₃的烧结和晶粒生长,1550℃烧结后的 BaZr$_{0.6}$Pr$_{0.3}$Gd$_{0.1}$O$_{3-\delta}$样品为致密陶瓷,晶粒尺寸为 1~4 μm,密度为 96%。阻抗谱和 EMF 迁移数测量表征了不同温度和不同氧气分压、水蒸气条件下材料的导电性。H₂O/D₂O 交换进一步验证了质子传导。BaZr$_{0.6}$Pr$_{0.3}$Gd$_{0.1}$O$_{3-\delta}$材料为质子 - 电子混合导体。在湿氧气氛下,500℃和 900℃时,p 型电导率分别约为 0.004 S·cm^{-1}和 0.05 S·cm^{-1},而质子电导率分别约为 10^{-4} S·cm^{-1}和 10^{-3} S·cm^{-1}。在足够低的温度和潮湿的条件下,BaZr$_{0.6}$Pr$_{0.3}$Gd$_{0.1}$O$_{3-\delta}$材料表现为一个纯的质子导体。虽然掺杂 Pr 的 BaZr$_{0.6}$Pr$_{0.3}$Gd$_{0.1}$O$_{3-\delta}$材料与不掺杂的 BaZr$_{0.9}$Y$_{0.1}$O$_{3-\delta}$材料的晶界电导大小没有区别,但掺杂样品的总电阻率显著降低。笔者解释这可能是由于Pr 的掺杂使得烧结后材料的晶粒尺寸增加导致的。

为了提高 BaZr$_{0.8}$Y$_{0.2}$O$_{3-\delta}$(BZY)的烧结性能和导电性能,Liu 等[40]和 Sharova 等[41]研究了 Nd^{3+}掺杂的影响。Liu 等[40]发现用 Nd^{3+}部分取代了 BZY 中的 Zr^{4+}后,XRD 谱图显示掺杂的 Nd^{3+}进入了 BaZr$_{0.7}$Nd$_{0.1}$Y$_{0.2}$O$_{3-\delta}$(BZNY)材料的晶格。膨胀测量实验和 SEM 图(见图 5.12)显示 Nd^{3+}掺杂提高了 BZNY

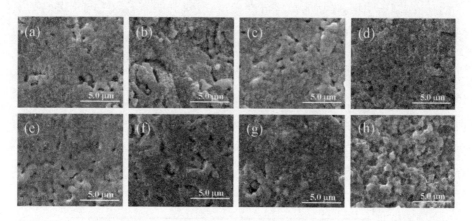

图 5.12 BaZr$_{0.7}$Nd$_{0.1}$Y$_{0.2}$O$_{3-\delta}$在 1500℃煅烧(a)10 h,(c)20 h,(e)40 h,(g)1600℃煅烧 10 h 的表面 SEM 图和在 1500℃煅烧(b)10 h,(d)20 h,(f)40 h,(h)1600℃煅烧 10 h 的断面 SEM 图

的烧结性能,XRD 和 CO_2-TPD 显示 BZNY 在 CO_2 气氛中相对稳定。BZNY 的总电导率在 600℃、湿 H_2 氛中的电导率达到 $2.76 \times 10^{-3}\,S \cdot cm^{-1}$。阳极支撑的 BZNY(约 30 μm)电池在 700℃ 所提供的最大功率密度达到 142 mw·cm^{-2}。

5.1.3 单离子 A 位掺杂

对 $BaZrO_3$ 进行掺杂时,大部分掺杂元素只取代 $BaZrO_3$ 中的 B 位元素 Zr,但也有些掺杂元素会取代 A 位元素 Ba[42]。Han 等[43]通过研究 Dy、Eu、Sc、Sm 和 Y 掺杂 $BaZrO_3$ 时的位点选择性,发现所有掺杂离子都可以取代 $BaZrO_3$ 中的 B 位元素 Zr。但是 Dy、Sc、Y 掺杂时只取代 $BaZrO_3$ 中的 B 位元素 Zr,而 Sm 和 Eu 掺杂时除了可以取代 $BaZrO_3$ 中的 B 位元素 Zr,还可以取代 $BaZrO_3$ 中的 A 位元素 Ba。富 Ba 样品 $[Ba_{1.01}Zr_{0.99}M_{0.01}O_{3-\delta}(M=Sc,Y,Sm,Eu,Dy)]$ 和贫 Ba 样品 $[Ba_{0.99}Zr_{0.99}M_{0.01}O_{3-\delta}(M=Sc,Y,Sm,Eu,Dy)]$ 的晶格体积差异见图 5.13。$BaZr_{0.8}Dy_{0.2}O_{3-\delta}$ 样品中的氢氧根离子的浓度在湿 Ar 气氛下显然高于同等条件下的湿氧气氛。$BaZr_{0.8}Dy_{0.2}O_{3-\delta}$ 样品在湿 Ar 气氛和湿氢气氛中的总电导大于干燥气氛的,说明样品中有质子导电。电导率对氧气分压也有强烈的依赖关系。$BaZr_{0.8}Dy_{0.2}O_{3-\delta}$ 样品的总电导在湿 Ar 气氛和湿氢气氛中与 $BaZr_{0.8}Y_{0.2}O_{3-\delta}$ 相当。

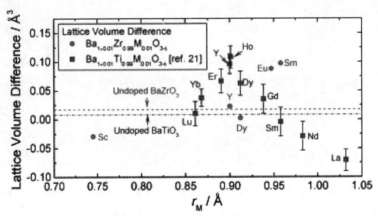

图 5.13　晶格体积差异,富 Ba 样品 $[Ba_{1.01}Zr_{0.99}M_{0.01}O_{3-\delta}(M=Sc,Y,Sm,Eu,Dy)]$ 和贫 Ba 样品 $[Ba_{0.99}Zr_{0.99}M_{0.01}O_{3-\delta}(M=Sc,Y,Sm,Eu,Dy)]$

Shi 等[44]运用第一性原理研究 A 位离子对 In 掺杂 AZrO₃(A = Ba、Ca、Sr)的质子电导率的影响,结果发现 A 位离子大小对晶体结构有显著影响[45,46]。随着 A 位离子半径的降低,晶体结构逐渐由立方晶系转变为斜方晶系,晶体结构的变化也会引起质子导电能力的改变,In 掺杂 AZrO₃的质子电导率按下列顺序递增:$CaZrO_3 < SrZrO_3 \approx BaZrO_3$[47]。

Sugimoto 等[48]利用差示扫描量热法(DSC)、膨胀法和 X 射线衍射分析在不同温度下研究了 $Sr_{1-x}Ba_xZrO_3$ 的相变化,得到了 $Sr_{1-x}Ba_xZrO_3$ 的相图。DSC 图显示了 $Sr_{1-x}Ba_xZrO_3$ 相变的热力学特性,如图 5.14 所示,事实上,当 x > 0.4 时样品的 DSC 曲线并没有观察到由于相变而产生的热异常。通过热膨胀测量研究确定了相边界和相转换顺序,是先从原始的斜方晶系过渡到体心斜方晶系,然后是正方和立方相,且这三种相变的温度随着 Ba 含量的增加而降低。从原始的斜方晶系到体心斜方晶系的二阶相变热,以及从正方相到立方相的相变热也随着 Ba 含量的增加而降低。而从体心斜方晶系到正方的一阶相变焓随着 Ba 含量的增加而减少。高对称性相的温度区间,如立方相和正方相,随着 Ba 含量的增加而稳定扩大,与容忍因子相符合。Sugimoto 等[49,50]还制备了 Y 掺杂的 $Sr_{1-x}Ba_xZrO_3$ 材料,研究了 $Ba_{1-x}Sr_xZr_{0.9}Y_{0.1}O_{3-\delta}$ 材料的相结构关系、晶体结构、烧结行为和导电性能。

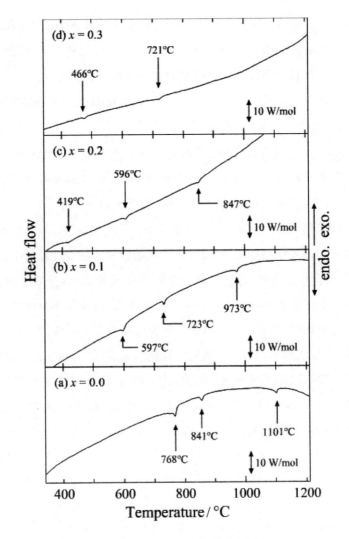

图 5.14 $Sr_{1-x}Ba_xZrO_3$ 的 DSC 图

(a) $SrZrO_3$; (b) $Sr_{0.9}Ba_{0.1}ZrO_3$; (c) $Sr_{0.8}Ba_{0.2}ZrO_3$; (d) $Sr_{0.7}Ba_{0.3}ZrO_3$

5.2　烧结助剂的影响

　　锆基钙钛矿氧化物质子导电性差的主要原因是材料的烧结温度较高。烧结温度过高及保温时间过长造成材料易发生团聚,很难获得微观均一的相结构且易造成晶粒的异常"长大",不利于材料的致密性,从而导致晶界、晶粒混乱,质子导电性降低[51]。为了降低烧结温度,降低晶界电阻,提高电性能,对BaZrO₃材料使用烧结助剂进行掺杂是一种简单有效的方法。在烧结过程中添加烧结助剂不仅能够提高材料的致密度,还能降低烧结温度、缩短烧结时间。例如,添加 1 wt% ~2 wt% NiO 作为烧结助剂,可在 1400℃ 就得到晶粒尺寸约 5 μm 的致密的 BZY20 陶瓷(密度 >95%)[52]。同样的,ZnO 助剂也常被报道可以提高 BaZrO₃ 的烧结性能[53]。

为了提高 BaZrO₃ 材料的烧结性能,Park 等[54] 把烧结助剂氧化锌加入到Yb 掺杂的 BaZrO₃(BZYb)中,利用在不同水蒸气压力下测量 $Ba(Zr_{0.81}Yb_{0.15}Zn_{0.04})O_{3-\delta}$(BZYb – Zn)陶瓷的电导率来研究材料中的质子浓度和迁移率,考察了 ZnO 助剂的添加对 BZYb 电解质材料的质子浓度和迁移率的影响。如图5.15 所示,在 600 ~750℃、在不同水蒸气压力下,BZYb – Zn 和 BZYb 陶瓷的电导率均随着水蒸气压力的增加而增大,但是 BZYb – Zn 的电导率小于 BZYb 电解质材料的电导率。研究还发现,BZYb – Zn 的水合焓比 BZYb 的更小,但是BZYb – Zn 的质子浓度小于 BZYb 电解质材料,质子迁移率也小于 BZYb 电解质材料。

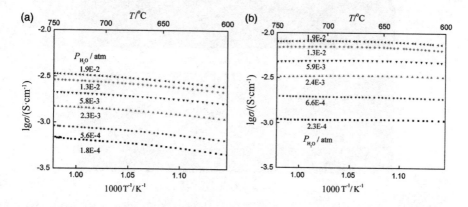

图5.15 BZYb – Zn(a)和 BZYb(b)在还原性气氛各种水蒸气压力下的电导率

龚宇等[55]通过在 BaZrO₃中加入 LiF 及 Li₂CO₃作为助熔剂,研究助熔剂对材料烧结温度、保温时间及微观形貌的影响。随着助熔剂 LiF 或 Li$_2$CO$_3$ 的加入量的增加，ZrO$_2$ 的杂质峰均逐渐减小，当助熔剂 LiF 或 Li$_2$CO$_3$ 的加入量为 5% 时，可以在 1500℃，保温 8 h 后得到很好的 BaZrO$_3$ 单相样品。这表明助熔剂的添加可以显著降低材料的合成温度，且添加 LiF 为助熔剂的样品，其结晶强度明显高于添加 Li$_2$CO$_3$ 为助熔剂的样品。XRD 精修结果表明所合成的样品为很好的单相样品。能带计算分析样品的带隙为 3.236 eV。如图 5.16 所示，通过加入 LiF 及 Li$_2$CO$_3$ 为助熔剂，明显改善了样品的微观形貌，其中 LiF 为助熔剂样品的颗粒尺寸较小、团聚少、分散性好。当 LiF 及 Li$_2$CO$_3$ 添加量为 8% 时，晶界处有小颗粒析出，这些晶界析出的小颗粒很可能作为一种质子传递的媒介，为提高材料的质子导电性提供了潜在的可能性。

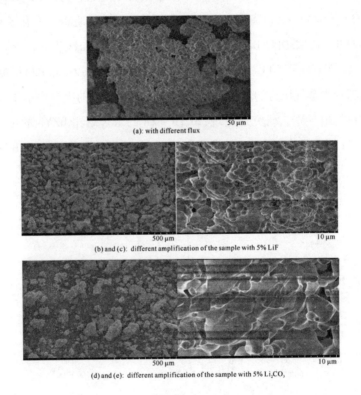

(a): with different flux

(b) and (c): different amplification of the sample with 5% LiF

(d) and (e): different amplification of the sample with 5% Li$_2$CO$_3$

图 5.16 不同样品的 SEM 图

谷肆静等[56] 通过添加氧化锆，制备 BaZrO$_3$ – ZrO$_2$ 复合电解质来探索提高锆酸钡电导率的新途径。将 $BaZrO_3$ 和 ZrO_2 分别在 373 K 下预处理 2 h,按照化学计量比 $(1-x)BaZrO_3 - xZrO_2$ $(x = 0,0.10,0.20,0.30,0.40)$ 进行称量,分别表示为 K0,K1,K2,K3,K4。在无水乙醇中湿混 24 h,烘干后,在 1373 K 下煅烧 5 h,再将粉体压制成 Φ13 mm 的圆片,经冷等静压后,在空气炉中 1973 K 下烧结 10 h,随炉冷却,即得 $BaZrO_3 - ZrO_2$ 复合电解质。利用 XRD 研究其物相,利用交流阻抗谱研究其电导率。结果表明:$BaZrO_3 - ZrO_2$ 复合电解质由钙钛矿型 $BaZrO_3$ 和 m 相 ZrO_2 构成。在湿氢气条件下,$BaZrO_3 - ZrO_2$ 电导率高于单相的 $BaZrO_3$ 电导率。在 773 ~ 1073 K 温度范围内,$BaZrO_3 - ZrO_2$ 电导率在湿氢气中分为高低温两段。在高温段,$BaZrO_3 - ZrO_2$ 复合电解质可以获得更多的能量,因此热激活更加容易,使得热扩散是决定电导率的主要因素。在低温段,由于没有较高的温度,所以热激活不再是主因,$BaZrO_3 - ZrO_2$ 复合电解质的晶体结构成为影响电导率的主要因素。伴随着 ZrO_2 含量的增加,电解质中的 m - ZrO_2 逐渐增多,并可能分散在晶粒中,也可能分散在晶界上。而 $BaZrO_3$ 的晶粒电导率很高,所以即使有一定量的 ZrO_2 分散在晶粒中,也不会对电导率产生过大影响。而分散在晶界处的 ZrO_2 改变了电解质的晶界结构,使得电导率发生变化。

Gao 等[57-58]也采用添加烧结助剂的方法提高 Y 掺杂 $BaZrO_3$ 材料(BZY)的致密度。结果发现,ZnO、NiO、CuO、B_2O_3、P_2O_5 均可提高 BZY 陶瓷的致密度,MgO、V_2O_5、Sb_2O_5、Bi_2O_3 对 BZY 的烧结性没有太多影响,而 SiO_2 会阻碍 BZY 的烧结。

5.3 无机盐复合的影响

已有不少文献证实,很多无机盐类具有质子导电性,如硝酸盐、硫酸盐、磷酸盐等含氧酸盐以及卤化物等无氧酸盐[59-61]。因此,也有不少研究者把高温质子导体和盐类以一定的方式复合成复相陶瓷,它是一种微观结构不同于单相材料的复合体,能够充分利用两种材料的优点,性能显著优于单相材料。

彭珍珍等[62]研究了以 NaOH 为复相添加剂,ZnO 为烧结助剂,中温烧结制备了 Y 掺杂的 BaZrO₃/NaOH(BZY10 – ZN)复相质子导体,测定了其在湿氢气氛下的电导率,研究了 NaOH 和 ZnO 的添加对 BaZrO₃陶瓷材料的微观结构及电性能的影响。扫描电镜和 EDS 能谱分析表明加入的 NaOH 主要存在于 BZY10 – ZN 的晶界处。对比未添加 NaOH 的 BZY10 – Z 样品,BZY10 – ZN 复相材料在氢气氛下的质子导电率明显提高,40 mol% 的 NaOH 使复相材料在 600℃时的电导率提高了 0.5 个数量级。相对于单相的 Y 掺杂的 BaZrO₃陶瓷,BaZrO₃/NaOH 复相质子导体显示出了更高的质子导电性能。说明存在于晶界处的 NaOH 在促进质子导电方面起到了一定的作用。

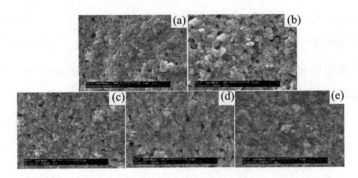

图 5.17　单相 BaZr₀.₈₅Yb₀.₁₅O₃₋δ陶瓷以及添加硫酸盐
后复相材料 SEM 照片

高冬云、郭瑞松等研究了提高锆酸钡基质子导体电导率的方法[63,64]。高冬云等[64]以 BaCO₃、ZrO₂、Yb₂O₃为原料,采用固相法合成了 BaZr₀.₈₅Yb₀.₁₅O₃₋δ陶瓷。然后分别添加 Li₂SO₄、Na₂SO₄、K₂SO₄等有质子导电性的盐类,在高于无机盐熔点20℃的温度下保温 30 min,制得添加硫酸盐后的 BaZr₀.₈₅Yb₀.₁₅O₃₋δ材料。由图 5.17 可以看出,单相 BaZr₀.₈₅Yb₀.₁₅O₃₋δ陶瓷的晶粒细小,晶粒之间结合紧密;添加硫酸盐后,由于晶粒被熔融的硫酸盐液相包裹,晶粒之间的边界变得不是特别分明,晶粒之间发生不同程度的粘连现象。采用直流四电极法测定了添加不同硫酸盐后 BaZr₀.₈₅Yb₀.₁₅O₃₋δ陶瓷的电导率。测试结果表明,这种方法大幅度提高了 BaZr₀.₈₅Yb₀.₁₅O₃₋δ陶瓷的电导率。这是由于添加的硫酸盐分布于晶界,在晶界形成连续相,这样主晶相和晶界相都具有质子导电性,材料的电导性能得到改善,质子导电性大大提高。且在 $BaZr_{0.85}Yb_{0.15}O_{3-\delta}$ 中添加 Na_2SO_4、K_2SO_4、$Li_2SO_4 - K_2SO_4$(1:1)后,$\lg\sigma T - 1/T$ 曲线发生突变,如图 5.18 所示,原因是发生了超离子/超质子相变。Schober 等[65] 在 $BaCe_{0.8}Y_{0.2}$ $O_{2.9} - 20\% Li_2CO_3 - NaCO_3$(2:1)中也观察到了超离子/超质子相变。然而,加入 Li_2SO_4 后,复合材料的电导率只在高温时超过了纯 $BaZr_{0.85}Yb_{0.15}O_{3-\delta}$,而且整个 $\lg\sigma T - 1/T$ 曲线是平滑的,没有突变。从氢气气氛下测试电导率后试样的 SEM 照片中可以看出,加入 Li_2SO_4 的 $BaZr_{0.85}Yb_{0.15}O_{3-\delta}$ 显微结构测试前与测试后显著不同,因此没有出现超质子相变现象。中国科学技术大学王平[66]研究了硫酸锂和氢气之间的反应性。热力学计算表明,在高温下 Li_2SO_4 会和 H_2 发生反应,产物为 H_2O、Li_2S、$LiOH$ 和 H_2S。用 $Li_2SO_4 - \alpha - Al_2O_3$ 作为电解质材料的 H_2/O_2 燃料电池可以得到很高的电流密度和电池功率,但它的电池稳定性却并不理想。

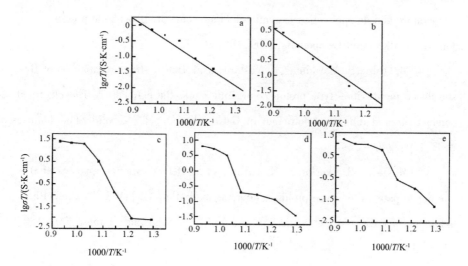

图 5.18　$BaZr_{0.85}Yb_{0.15}O_{3-\delta}$ + 硫酸盐在湿氢气中电导率的 Arrhenius 曲线

(a)$BaZr_{0.85}Yb_{0.15}O_{3-\delta}$;(b)$BaZr_{0.85}Yb_{0.15}O_{3-\delta}$ + Li_2SO_4;(c)Na_2SO_4(d),K_2SO_4;(e)$Li_2SO_4 : K_2SO_4 = 1 : 1$

本章主要概述了国内外关于 $BaZrO_3$ 基质子导体的化学稳定性、强度及导电性能的最新研究成果,叙述了 $BaZrO_3$ 基质子导体的各种制备方法及表征手段,分析了不同组成对钙钛矿型氧化物质子导电性及稳定性的影响,阐述了提高和改进材料性能的方法。但 $BaZrO_3$ 基质子导体的应用研究一般局限于实验室,要实现其工业化应用仍有许多问题亟待解决。

参考文献

[1] N. I. Matskevich, Th. Wolf, I. V. Vyazovkin, et al. Preparation and stability of a new compound $SrCe_{0.9}Lu_{0.1}O_{2.95}$ [J]. Journal of Alloys and Compounds, 2015, 628:126 – 129.

[2] Y. Guo, B. Liu, Q. Yang, et al. Preparation via microemulsion method and proton conduction at intermediate – temperature of $BaCe_{1-x}Y_xO_{3-\alpha}$ [J]. Electrochemistry Communications, 2009, 11:153 – 156.

[3] C. Chen, G. Ma. Proton conduction in $BaCe_{1-x}Gd_xO_{3-\alpha}$ at intermediate temperature and its application to synthesis of ammonia at atmospheric pressure [J]. Journal of Alloys and Compounds, 2009, 485:69 – 72.

[4] M. Oishi, S. Akoshima, K. Yashiro, et al. Defect structure analysis of B – site doped perovskite – type proton conducting oxide $BaCeO_3$ Part 2:The electrical conductivity and diffusion coefficient of $BaCe_{0.9}Y_{0.1}O_{3-\delta}$ [J]. Solid State Ionics, 2008, 179:2240 – 2247.

[5] M. Oishi, S. Akoshima, K. Yashiro, et al. Defect structure analysis of B – site doped perovskite – type proton conducting oxide $BaCeO_3$ Part 1:The defect concentration of $BaCe_{0.9}M_{0.1}O_{3-\delta}$ (M = Y and Yb) [J]. Solid State Ionics, 2009, 180:127 – 131.

[6] 程继海,王华林,鲍巍涛. 钙钛矿结构固体电解质材料的研究进展 [J]. 材料导报,2008,9(22):22 – 24.

[7] W. Vielstich, H. A. Gastiger, A. Lamm. Handbook of Fuel Cells – Fundamentals Technonlgy and Applications [M]. New York:John Wiley & Sons Ltd, 2003. 126 – 128.

[8] K. D. Kreuer. Proton – conducting oxides [J]. Annual Review of Materials

Research,2003,33:333 – 359.

[9] D. A. Medvedev, E. V. Gorbova, A. K. Demin, et al. Conductivity of Gd – doped BaCeO$_3$ protonic conductor in H$_2$ – H$_2$O – O$_2$ atmospheres[J]. International Journal of Hydrogen Energy,2014,39(36):21547 – 21552.

[10] I. Kosacki, H. U. Anderson. The structure and electrical properties of SrCe$_{0.95}$Yb$_{0.05}$O$_3$ thin film protonic conductors[J]. Solid State Ionics,1997,97(1 – 4):429 – 436.

[11] 蒋凯,何志奇,王鸿燕,等. BaCe$_{0.8}$Ln$_{0.2}$O$_{2.9}$(Ln = Gd,Sm,Eu) 固体电解质的低温制备及其燃料电池性质[J]. 中国科学(B 辑),1999,29(4):355 – 360.

[12] X. Su,Q. Yan,X. Ma,et al. Effect of co – doped addition on the properties of yttrium and neodymium doped barium cerate electrolyte[J]. Solid State Ionics,2006,177(11 – 12):1041 – 1045.

[13] A. Radojkovic,S. M. Savic,N. Jovic,et al. Structural and electrical properties of BaCe$_{0.9}$Ee$_{0.1}$O$_{2.95}$ electrolyte for IT – SOFCs[J]. Electrochimica Acta,2015,161:153 – 158.

[14] W. Yuan,C. Xiao,L. Li. Hydrogen permeation and chemical stability of In – doped SrCe$_{0.95}$Tm$_{0.05}$O$_{3-\delta}$ membranes[J]. Journal of Alloys and Compounds,2014,616:142 – 147.

[15] N. Kochetova,I. Animitsa,D. Medvedev,et al. Recent activity in the development of proton – conducting oxides for high – temperature applications[J]. RSC Advances,2016,6(77):73222 – 73268.

[16] N. Sammes,R. Phillips,A. Smirnova. Proton conductivity in stoichiometric and sub – stoichiometric yittrium doped SrCeO$_3$ ceramic electrolytes[J]. Journal of Power Sources,2004,134(2):153 – 159.

[17] C. Liu,J. Huang,Y. Fu,et al. Effect of potassium substituted for A – site of SrCe$_{0.95}$Y$_{0.05}$O$_3$ on microsturcture,conductivity and chemical stability[J]. Ceramics International,2015,41:2948 – 2954.

[18] T. Yajima, H. Kazeoka, T. Yogo, et al. Proton conduction in sintered oxides based on $CaZrO_3$[J]. Solid State Ionics,1991,47:271 – 275.

[19] H. Iwahara, T. Yajima, T. Hibino, et al. Protonic conduction in calcium, strontium and barium zirconates[J]. Solid State Ionics,1993,61:65 – 69.

[20] J. Eschenbaum, J. Rosenberger, R. Hempelmann, et al. Thin films of proton conducting $SrZrO_3$ – ceramics prepared by the sol – gel method[J]. Solid State Ionics,1995,77(1):222 – 225.

[21] 李光强,郭振中,吴大山,等. 湿化学法制备 $CaZr_{1-x}In_xO_{3-\alpha}$ 及其烧结体的阻抗谱研究[J]. 硅酸盐学报,1996,24(4):430 – 434.

[22] T. Yajima, H. Suzuki, T. Yogo, et al. Protonic conduction in $SrZrO_3$ – based oxides[J]. Solid State Ionics,1992,51:101 – 107.

[23] S. Tao, J. T. S. Irvine. Conductivity studies of dense yttrium – doped $BaZrO_3$ sintered at 1325℃[J]. Journal of Solid State Chemistry,2007,180(12):3493 – 3503.

[24] V. P. Gorelov, V. B. Balakireva, Y. N. Kleshchev, et al. Preparation and electrical conductivity of $BaZr_{1-x}R_xO_{3-\alpha}$(R = Sc, Y, Ho, Dy, Gd, In)[J]. Inorganic Materials,2001,37(5):535 – 538.

[25] B. Groß, Ch. Beck, F. Meyer, et al. $BaZr_{0.85}Me_{0.15}O_{2.925}$(Me = Y, In, Ga): Crystal growth, high – resolution transmission electron microscopy, high – temperature X – ray diffraction and neutron scattering experiments[J]. Solid State Ionics, 2001,145(1 – 4):325 – 331.

[26] E. Fabbri, D. Pergolesi, S. Licoccia, et al. Does the increase in Y – dopant concentration improve the proton conductivity of $BaZr_{1-x}Y_xO_{3-\delta}$ fuel cell electrolytes? [J]. Solid State Ionics,2010,181(21 – 22):1043 – 1051.

[27] Y. Gu, Z. Liu, J. Ouyang, et al. Synthesis, structure and electrical conductivity of $BaZr_{1-x}Dy_xO_{3-\delta}$ ceramics[J]. Electrochimica Acta,2012,75:332 – 338.

[28] D. Y. Kim, S. Miyoshi, T. Tsuchiya, et al. Defect chemistry and electrochemical properties of $BaZrO_3$ heavily doped with Fe[J]. ECS Transactions,2012,

45:161 – 170.

[29]S. Kang, D. S. Sholl. First principles assessment of perovskite dopants for proton conductors with chemical stability and high conductivity[J]. RSC Advances, 2013,3:3333 – 3341.

[30] L. Bi, E. Fabbri, Z. Sun, et al. Sinteractivity, proton conductivity and chemical stability of $BaZr_{0.7}In_{0.3}O_{3-\delta}$ for solid oxide fuel cells (SOFCs)[J]. Solid State Ionics,2011,196:59 – 64.

[31]S. Ricote, N. Bonanos, H. Wang, et al. Conductivity study of dense $BaZr_{0.9}Y_{0.1}O_{3-\delta}$ obtained by spark plasma sintering[J]. Solid State Ionics,2012,213:36 – 41.

[32] N. V. Sharova, V. P. Gorelov. Electroconduction and the nature of ionic transport in $BaZr_{0.95}Nd_{0.05}O_{3-\delta}$[J]. Russian Journal of Electrochemistry,2005,41:1130 – 1134.

[33]R. Guo, L. Wu, J. Ren, et al. Effects of Sc doping on electrical conductivity of $BaZrO_3$ protonic conductors[J]. Rare Metals,2012,31:71 – 74.

[34]D. Gao, R. Guo. Yttrium – doped barium zirconate powders synthesized by gel – casting method[J]. Journal of the American Ceramic Society,2010,93(6):1572 – 1575.

[35]S. Imashuku, T. Uda, Y. Awakura. Sintering Properties of Trivalent Cation – Doped Barium Zirconate at 1600℃ [J]. Electrochemical and solid state letters, 2007,10 (10):B175 – B178.

[36]E. Fabbri, L. Bi, H. Tanaka, et al. Chemically stable Pr and Y co – doped barium zirconate electrolytes with high proton conductivity for intermediate temperature solid oxide fuel cells[J]. Advanced Functional Materials,2011,21(1):158 – 166.

[37]顾庆文,王小连,丁岩芝,等. 用于固体氧化物燃料电池的 Zn 掺杂 $BaZr_{0.7}Pr_{0.1}Y_{0.2}O_{3-\delta}$质子导体电解质的制备与性能[J].硅酸盐学报,2012,40 (12):1828 – 1834.

[38] K. B. Kostol, A. Magraso, T. Norby. On the hydration of grain boundaries and bulk of proton conducting $BaZr_{0.7}Pr_{0.2}Y_{0.1}O_{3-\delta}$ [J]. International Journal of Hydrogen Energy, 2012, 37: 7970 - 7974.

[39] A. Magrasó, C. Kjølseth, R. Haugsrud, et al. Influence of Pr substitution on defects, transport, and grain boundary properties of acceptor - doped $BaZrO_3$ [J]. International Journal of Hydrogen Energy, 2012, 37: 7962 - 7969.

[40] Y. Liu, Y. Guo, R. Ran, et al. A new neodymium - doped $BaZr_{0.8}Y_{0.2}O_{3-\delta}$ as potential electrolyte for proton - conducting solid oxide fuel cells [J]. Journal of Membrane Science, 2012, 415 - 416: 391 - 398.

[41] N. V. Sharova, V. P. Gorelov. Electroconduction and the nature of ionic transport in $BaZr_{0.95}Nd_{0.05}O_{3-\delta}$ [J]. Russian Journal of Electrochemistry, 2005, 41: 1130 - 1134.

[42] A. S. Patnaik, A. V. Virkar. Transport properties of potassium doped $BaZrO_3$ in oxygen and water vapor containing atmospheres [J]. Journal of the Electrochemical Society, 2006, 153: 1397 - 1405.

[43] D. Han, Y. Nose, K. Shinoda, et al. Site selectivity of dopants in $BaZr_{1-y}M_yO_{3-\delta}$ (M = Sc, Y, Sm, Eu, Dy) and measurement of their water contents and conductivities [J]. Solid State Ionics, 2012, 213: 2 - 7.

[44] C. Shi, M. Yoshino, M. Morinaga. First - principles study of protonic conduction in In - doped $AZrO_3$ (A = Ca, Sr, Ba) [J]. Solid State Ionics, 2005, 176: 1091 - 1096.

[45] T. Sugimoto, T. Hashimoto. Analysis of order of structural phase transition of $Sr_{1-x}Ba_xZrO_3$ by temperature regulated X - ray diffraction and thermal analyses [J]. IOP Conference Series: Materials Science and Engineering, 2011, 18: 1 - 4.

[46] T. Sugimoto, S. Hasegawa, T. Hashimoto. Phase transition behavior of proton conducting oxides, $Sr_{1-x}Ba_xZrO_3$ [J]. ECS Transactions, 2010, 28 (11): 251 - 258.

[47] M. M. Bucko, M. Dudek. Structural and electrical properties of (Ba_{1-x}

Sr_x)($Zr_{0.9}M_{0.1}$)O_3,M = Y,La,solid solutions[J]. Journal of Power Sources,2009, 194(1):25 - 30.

[48] T. Sugimoto, S. Hasegawa, T. Hashimoto. Phase transition behavior of mother phase of proton - conducting oxides,$Sr_{1-x}Ba_xZrO_3$[J]. Thermochimica Acta,2012,530:58 - 63.

[49] T. Sugimoto,T. Hashimoto. Structural phase relationship,sintering behavior and conducting property of $Ba_{1-x}Sr_xZr_{0.9}Y_{0.1}O_{3-\delta}$[J]. Solid State Ionics,2014, 264:17 - 21.

[50] T. Sugimoto,T. Hashimoto. The crystal structure and electrical conductivity of proton conducting $Ba_{0.6}Sr_{0.4}Zr_{1-y}Y_yO_{3-\delta}$[J]. Solid State Ionics,2012,206:91 - 96.

[51]王吉德,宿新泰,刘瑞泉,等. 钙钛矿型高温质子导体研究进展[J]. 化学进展,2004,16(5):829 - 835.

[52]J. Tong, D. Clark, M. Hoban, et al. Cost - effective solid - state reactive sintering method for high conductivity proton conducting yttrium - doped barium zirconium ceramics[J]. Solid State Ionics,2010,181(11 - 12):496 - 503.

[53]S. W. Tao,J. T. S. Irvine. A stable,easily sintered proton - conducting oxide electrolyte for moderate - temperature fuel cells and electrolyzers[J]. Advanced Materials,2006,18(12):1581 - 1584.

[54]J. S. Park,J. H. Lee,H. W. Lee,et al. Estimation of the protonic concentration and mobility in $Ba(Zr_{0.81}Yb_{0.15}Zn_{0.04})O_{3-\delta}$ ceramic[J]. Solid State Ionics, 2011,192:88 - 92.

[55]龚宇,杨义斌,侯京伟,等. 助熔剂对无机质子导体 BaZrO₃结构及形貌的影响[J]. 强激光与粒子束,2015,27(1):016016 - 1 - 6.

[56]谷肆静,吴复忠,李水娥,等. BaZrO₃ - ZrO₂复合电解质的制备、结构及电导率研究[J]. 内江科技,2016,8:27 - 28.

[57]D. Gao,R. Guo. Densification and properties of barium zirconate ceramics by addition of P_2O_5[J]. Materials Letters,2010,64:573 - 575.

[58] D. Gao, R. Guo. Structural and electrochemical properties of yttrium – doped barium zirconate by addition of CuO[J]. Journal of Alloys and Compounds, 2010, 493(1 – 2) :288 – 293.

[59] B. Heed, B. Zhu, B. Mellander, et al. Proton conductivity in fuel cells with solid sulphate electrolytes[J]. Solid State Ionics, 1991, 46(1 – 2) :121 – 125.

[60] B. Mellander, B. Zhu. High temperature protonic conduction in phosphate – based salts[J]. Solid State Ionics, 1993, 61(1 – 3) :105 – 110.

[61] B. Zhu, B. Mellander. Proton conduction and diffusion in Li_2SO_4[J]. Solid State Ionics, 1997, 97(1 – 4) :535 – 540.

[62] 彭珍珍, 郭瑞松, 尹自光, 等. $BaZrO_3$/NaOH 复相质子导体的制备与性能[J]. 稀有金属材料与工程, 2007, 36 :596 – 598.

[63] D. Gao, R. Guo. Yttrium – doped barium zirconate powders synthesized by gel – casting method[J]. Journal of the American Ceramic Society, 2010, 93(6) : 1572 – 1575.

[64] 高冬云, 郭瑞松. Y 掺杂锆酸钡/硫酸盐复相质子导体的研究[J]. 稀有金属材料与工程, 2009, 38, Suppl. 2 :696 – 699.

[65] T. Schober. Composites of ceramic high – temperature proton conductors with inorganic compounds[J]. Electrochemical and Solid – State Letters, 2005, 8 (4) :A199 – A200.

[66] 王平. 钙钛矿型质子导体材料的制备和硫酸盐质子导体学稳定性[D]. 合肥：中国科学技术大学, 1999.

第6章 金属有机骨架化合物(MOF)质子导体

　　金属有机骨架(MOF)化合物是一类由有机配体和金属离子或团簇配位后形成的有机－无机杂化材料。这类晶型材料基于离子、配体以及合成条件不同可以形成丰富多样的孔道结构。这类结构特征为质子导电性提供了结构上的多种选择。

　　自从这类材料引起广泛关注以来,它在气体吸附[1-15]、分离[16-20]、磁性[21-29]、催化[30-33]以及光学应用领域获得了广泛的应用。MOF 材料由于具有广泛的晶体结构,宽范围的孔道结构以及孔道内化学性质的可修饰性能,在质子导电领域获得了持续的关注。另外,随着各种新的合成方法的不断涌出,MOF 材料可以控制性地合成多级结构,这些技术的不断出现为其在质子导电领域的应用奠定了方法学上的基础[34-40]。尤其是最近一系列研究进展发现 MOF 晶体可以制备成晶体膜[3,41-43],复合材料膜等新型膜材料更加拓宽了其工业应用领域。研究表明,MOFs 质子导体有两个不同的应用条件:第一个是在 100℃ 以下有水气存在时,这种条件下,由于水分子的存在可以形成大量的氢键,为质子传递提供了良好的路径。第二个是在 100℃ 以上无水条件下,这个条件由于处于水的沸点以上,晶体结构中基于水形成的氢键被破坏,需要其他的质子导体介质的存在才能导电。

　　本章对 MOFs 质子导体材料的系统介绍中,我们仅对 MOFs 的结构与性能的关系进行详细论述,但并不涉及有机－无机杂化系统,如 α, γ 层状五价金属磷酸盐及其衍生物[44-50]或其他的杂化膜材料。

6.1 100℃以下 MOFs 质子导体

目前大部分 MOF 质子导体的研究工作都是在低温条件下操作的,在这种条件下质子导电机制主要依靠水分子形成的氢键网络进行传递。

公开报道的最早的 MOF 质子导体材料是 Kanda 等在 1979 年发现的[51-52]。在他们的工作中采用 N,N‐二取代硫代草酰胺作为配体,二价铜离子(Cu^{2+})作为中心离子配位形成一种二维的结构。紧接着 Kitagawa 报道了另一种铜配合物,可以表示为(HOC_2H_4)$_2$dtoaCu,这也是一种具有二维结构的络合物,经测试表现出质子导电性。在 27℃,100% RH 水气条件下电导率达到 2.2×10^{-6} S·cm^{-1}。实验电导率值对水气含量高度依赖,当水气含量降到 45% RH 时,电导率降为 2.6×10^{-9} S·cm^{-1}。实验证实这种材料的质子导电能力主要靠 H_3O^+ 离子贡献。在高水气条件下(100% RH)材料晶体结构中 H_3O^+ 离子是通过吸附水分子与聚合物骨架上的 N—H 键反应生成。虽然这种材料表现出的电导率值并不高,但是为 MOF 材料在质子导体领域的研究奠定了一定的基础。

随后,Kitagawa 小组又研究了几种基于草酸盐(OX)的 MOF 质子导体。在该小组合成的一系列这类材料中 Fe(OX)·$2H_2O$(OX = oxalate)的质子导电性能较为突出[53]。在这种 MOF 材料中 Fe^{2+} 与草酸根离子配位形成一维链状结构,具体情况是 Fe^{2+} 与草酸根离子呈线型配位,金属离子配位不饱和位置靠水分子补充。晶体结构中一维排列的水分子提供质子导电物种。电化学性能测试发现在室温以及 98% RH 水气条件下可以达到 1.3×10^{-3} S·cm^{-1} 的电导率,导电活化能为 0.37 eV。由于较高的电导率,这种 MOF 材料被认为是一种潜在的室温超离子导体。这些是 MOF 质子导体早期的例子,这些研究结果都认为在 MOF 结构中规整排列的水分子是质子导电的传递通道。

(NH_4)$_2$(adp)[Zn_2(OX)$_3$]$3H_2O$(adp = adipic acid)是 Kitagawa 小组研究报道的另一种草酸盐基的 MOF 质子导体[54]。这个材料的例证中通过合理的

设计引入了三种质子导电载体通道:(1)质子化的离子;(2)材料骨架接入酸性基团;(3)材料孔道中引入酸性小分子。首先,$[Zn_2(OX)_3]^{2-}$形成层状骨架结构,NH_4^+作为阳离子与骨架电荷平衡,使得整个材料呈电中性[如图6.1(a)]。然后孔道内部引入己二酸(adp)和水分子形成材料的总的分子式表示为$(NH_4)_2(adp)[Zn_2(OX)_3]\cdot 3H_2O$。这种MOF材料中$Zn^{2+}$与草酸根离子配位后沿bc面形成二维蜂窝状结构,沿b轴垂直于ac面形成大小为8.44 Å×9.16 Å的一维孔道[如图6.1(b)]。在这些孔道中,己二酸、NH_4^+、水分子和草酸根骨架形成二维氢键网络。经电导测试,这种材料在室温、85% RH 水气条件下获得了8×10^{-3} S·cm^{-1}的电导率,以及0.63 eV的导电活化能。另外,这种材料的电导率同样表现出对水气含量的高度依赖性。经过分析表明,85% RH 水气条件下这种材料形成的是具有三个结晶水的化合物。然而当水气含量降低到70% RH 时会失去一个结晶水形成二水合物,电导率也随之降低到6×10^{-6} S·cm^{-1}。从这种结果可以看出,MOF 材料经过合理的结构设计可以获得高的电导率。而这些材料中的导电物种通常认为是来源于二元酸中的草酸根,还有骨架结构中那些没有配位的酸性基团。

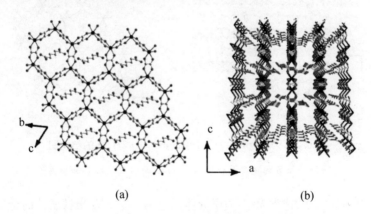

(a)　　　　　　　　　(b)

图6.1 $(NH_4)_2(adp)[Zn_2(OX)_3]3H_2O$ 的结构图

(a)蜂窝形层状结构,层间己二酸连接;(b)沿 b 轴方向孔道结构

Okawa 等研究了一种草酸根桥联的双金属离子络合物[55]。该小组所研究材料的分子式可表示为$\{NH(prol)_3\}[MIICrIII(ox)_3]$([prol = tri(3 – hydroxylpropyl)]ammonium, $M^{2+} = Mn^{2+}$, Fe^{2+}, Co^{2+})。在这类化合物晶体中,草酸根把两种金属离子连接形成蜂窝状的二维层状结构,层中包含有大小约 7.96Å × 9.16Å 的孔道结构(如图 6.2)。孔道中包含有羟基亲水基团,同时还填充有 NH_4^+、三 – 3 – 丙羟基铵作为平衡骨架负电荷的离子。羟基以及铵离子与孔道内吸附的水分子之间形成氢键构成质子传递的主要通道。该材料上水的吸附等温线实验结果表明,随水气含量增大材料的导电能力持续增加,直到水的含量大到材料分解的含量(约 70% RH 对 Mn^{2+},75% RH 对 Fe^{2+},80% RH 对 Co^{2+})。结构分析表明,在 40% RH 水气含量条件下每个 Mn^{2+} 层间吸附 2 个水分子,而在 Fe^{2+} 和 Co^{2+} 络合物中只有 1 个水分子。超过 40% RH 水气含量时,Mn^{2+}、Fe^{2+} 层间水分子的吸附量可以达到 5 个,而 Co^{2+} 络合物要达到 5 个水分子,水气含量需要增加到 80% RH。随着晶体结构中吸附水含量的增加,材料的电导率也相应地增大。40% RH 水气含量时质子电导率仅为 1.2 ~ 4.4 × 10^{-10} S·cm^{-1}。而当水气含量增加到 75% RH 以后,电导率相应地可以增加到 1 × 10^{-4} S·cm^{-1}。

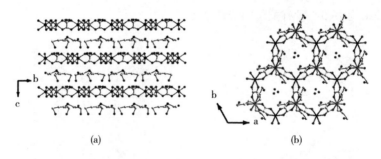

(a)   (b)

图 6.2 {NH(prol)$_3$}[MnCr(ox)$_3$]·2H$_2$O 的结构图

(a)沿 a 轴方向观察层状结构;(b)ab 面内双金属层和阳离子

值得一提的是,这类 MOF 质子导体还是第一个显示出铁磁性的金属有机骨架材料($Tc = 5 \sim 10$ K)。这种质子导体材料的导电性是由材料层间亲水性的铵离子和水分子间形成的氢键提供。这种 MOF 化合物中三(3 – 羟丙基)铵阳离子可以被三烷基(羧基)铵离子取代,产生双金属离子草酸盐,这种化合物的分子式可表示为 {NR$_3$(CH$_2$COOH)}[Ma^{II}Mb^{III}(ox)$_3$][56]。阴离子基团同样落位于这种络合物的层间。层间亲水性能可以通过改变阳离子基团来调变，从而影响对溶剂分子的吸附，进而影响材料的质子导电性能。例如，$\{NEt_3(CH_2COOH)\}^+$ 基团比 $\{NBu_3(CH_2COOH)\}^+$ 基团有更强的亲水性。电化学性能测试结果表明 Et-MOFs 显示出比 Bu-MOFs 更高的电导率。

　　Train 小组报道了一种三维手性、具有金刚石结构的双金属草酸盐。分子式可以表示为 $(NH_4)_4[MnCr_2(ox)_6]\cdot 4H_2O$。在这种 MOF 晶体中草酸根两个羧基分别连接 Mn 离子和 Cr 离子，沿 c 轴方向形成螺旋线结构。同时还形成两类一维孔道结构，一类是直径为 5.23 Å 的六边形孔道，另一类是直径为 7.52 Å 的三角形孔道(如图6.3)。第一类孔道中草酸根离子一端与 Cr 离子配位，另一端沿孔道形成亲水性表面，吸附水分子填充在孔道内。第二类孔道内也存在水分子，但是水分子呈无序状态分布。电导测试表明，这种草酸根连接的双金属 MOF 在室温和 96% RH 水气含量条件下，表现出 1.1×10^{-3} S·cm^{-1} 的电导率。当温度升高到 40℃，电导率相应的增加到 1.7×10^{-3} S·cm^{-1}。导电活化能仅 0.23 eV，说明导电通道主要靠第一类孔道内形成的氢键。

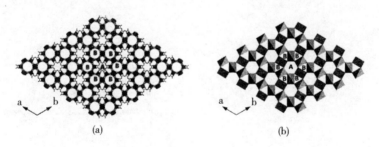

图6.3 $(NH_4)_4[MnCr_2(ox)_6]4H_2O$ 的结构图

(a)沿 c 轴观察双金属草酸盐结构，包含 A,B 两类孔道；

(b)沿 c 轴 MnCr4 四面体结构组装的类金刚石结构

　　另一类引起广泛关注的 MOF 质子导体是羧酸盐基的质子导体材料。Banerjee 等报道了两种间苯二甲酸根配位 In 离子的 MOF 质子导体。这两种 MOFs 呈异构体结构，可以分别表示为 In-IA-2D-1 和 In-IA-2D-2。这些化合物中包含四面体的 In^{3+} 二级结构。这种结构单元通过间苯二甲酸根配位连接成一维配位网络。这种一维结构再通过间苯二甲酸桥联形成二维层状结构。这种层状结构中包含相互垂直的孔道结构,孔径分别为 $8.95\text{Å} \times 9.69\text{Å}$(In – IA – 2D – 1)和 $10.41\text{Å} \times 10.05\text{Å}$(In – IA – 2D – 2)。水分子和 $[(CH_3)_2NH_2]^+$ 存在于 In – IA – 2D – 1 孔道中,而 In – IA – 2D – 2 孔道中填充的是 $[(CH_3)_2NH_2]^+$ 和 DMF 分子(如图 6.4)。在室温和 98% RH 水气含量条件下进行电导测试,In – IA – 2D – 1 可以获得 $3.4 \times 10^{-3}\ \text{S} \cdot \text{cm}^{-1}$ 的电导率,而在 In – IA – 2D – 2 上测试的结果仅为 $4.2 \times 10^{-4}\ \text{S} \cdot \text{cm}^{-1}$。之所以导电能力产生这么大的差别,主要是因为 In – IA – 2D – 2 孔道中填充的 DMF 分子,这种分子的存在限制了水分子和 $[(CH_3)_2NH_2]^+$ 之间质子的迁移。然而,针对导电材料的热稳定性而言,In – IA – 2D – 2 比 In – IA – 2D – 1 表现出更好的性能。当温度升高到 90℃,In – IA – 2D – 2 仍然有 $1.18 \times 10^{-5}\ \text{S} \cdot \text{cm}^{-1}$ 的电导率。在 90℃ 条件下孔道的水分子大部分已经挥发,In – IA – 2D – 2 仍能保持一定的电导率是靠 $[(CH_3)_2NH_2]^+$ 和 DMF 分子之间的质子传递,因为 DMF 比水有更高的沸点,能够在更高的温度条件下存在于材料孔道内而不挥发。

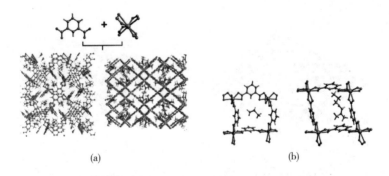

(a) (b)

图 6.4　In – IA – 2D – 1 和 In – IA – 2D – 2 两种异构体的结构图

(a) In – IA – 2D – 1(左)和 In – IA – 2D – 2(右)的立体图;

(b) In – IA – 2D – 1(左)和 In – IA – 2D – 2(右)的单层结构

Banerjee 等还研究了利用游离的羧酸与 MOF 骨架结构中官能团耦合的质子导体材料。该小组合成了一种碱金属作为中心离子与 SBBAS(SBBA = 4,40 – sulfobisbenzoic acid)配位的 MOF 质子导体材料。在这种材料中 SBBAS 配体中含有砜基和羧基两种官能团[57]。当中心离子为 Ca^{2+} 离子时可形成 Ca - SB-BA 金属有机骨架材料,在这种 MOF 材料中,两个八面体配位的 Ca^{2+} 中心靠 μ2 羧酸氧配位连接形成一维链状结构。这种结构进一步相互连接形成二维层状结构。这些层状结构通过超分子组装形成三维的多级结构。DMF 分子与 Ca^{2+} 中心离子轴向配位。同时可以有自由分子填充在层与层之间。在 Sr - SBBA 晶体结构中出现了五核金属团簇结构单元。这种团簇靠 SBBA 配体中的羧基连接产生三个不同 SBUS 结构单元,包括 8 个 10 配位的 SrO_{10} 或 8 配位的 SrO_8 多面体结构。这种五核金属团簇通过 SBBA 配体连接形成二维结构,DMF 分子与两个 SBUS 单元中的中心离子 Sr^{2+} 配位。该化合物表现出中等的质子导电性。在室温以及 98% RH 水气含量条件下,经电导测试表明 Ca - SB-BA 的电导率为 8.58×10^{-6} S·cm^{-1},而 Sr - SBBA 的电导率表现略高,可以达到 4.4×10^{-5} S·cm^{-1}。导电活化能测试结果表明 Sr - SBBA 和 Ca - SBBA 的导电活化能分别为 0.56 eV 和 0.23 eV。相对而言,Sr - SBBA 表现出更高的导电能力,可能归因于较高的导电质子载体的浓度。在这种结构的材料中导电通道可能是金属团簇与溶剂分子间形成的氢键。而在高含量的水气条件下,Ca - SBBA 材料弱的导电性能是由于这种条件下该化合物相对较低的结晶度。

Sen 等报道了一种羧酸根和官能化的咪唑盐配位的 MOF 化合物材料[58]。这种化合物分子式可表示为 $[\{(Zn_{0.25})_8(O)\}Zn_6(L)_{12}(H_2O)_{29}(DMF)_{69}(NO_3)_2]_n\{H_2L = 1,3 - bis(4 - carboxyphenyl)imidazolium\}$。这种 MOF 材料通过 Zn_8O 团簇结构单元组成三维结构。这种三维结构延伸形成一种 48 元环的超大环结构[如图 6.5(a)]。6 个这种超环结构通过配体分子与 Zn_8O 团簇结构连接形成二维层状结构。这种层状结构靠 6,3 位连接,互相贯通,在各个方向上延伸构成三维晶体结构。晶体中延 a,b 轴形成互相垂直的孔道结构,孔径大小分别为 13.13Å × 17.96Å 和 22.56Å × 15.57Å[如图 6.5(b)]。有趣的是,自由咪唑离子中的亚甲基基团呈线型排列在孔道内。孔道内同时存在溶剂水分子和 DMF 以及平衡电荷的硝酸根离子。质子导电性能测试结果显示,在室温,95% RH 水气含量条件下,电导率可以达到 2.2×10^{-3} S·cm^{-1}。电导率值随水气含量的增加而增大。水与电导率相关性试验结果表明,当每个结构单元中含 2、5 和 8 个水分子时,材料的电导率相对稳定。而这种材料在 4 水合状态时电导率较低。然而当水分子含量增加到 5 个以后,电导率出现明显的突跃。这种现象说明水分子含量对材料导电能力起决定性的作用。导电活化能为 0.22 eV,低的导电活化能说明这种材料导电是靠咪唑离子和水分子之间形成的氢键按经典的 Grothuss 机理导电的。

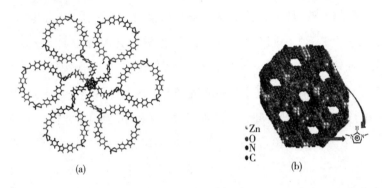

图 6.5　$[\{(Zn_{0.25})_8(O)\}Zn_6(L)_{12}(H_2O)_{29}(DMF)_{69}(NO_3)_2]_n$ 的结构图

(a)Zn_8O 团簇连接 6 个超环;(b)沿 a 轴方向孔道结构,孔内填充咪唑离子

Sahoo 等报道了一种单一手性的 MOF 质子导体材料。该小组合成了两种手性对映异构体,可分别表示为 $[Zn(L-L_{Cl})(Cl)](H_2O)_2$ 和 $[Zn(D-L_{Cl})(Cl)](H_2O)_2$ [其中 L = 3 - methyl - 2 - (pyridin - 4 - yl - methylamino) - butanoic acid]。材料合成中分别采用左旋和右旋的结氨酸衍生物作为配体。这种 MOF 化合物具有沸石的 unh 拓扑结构[如图 6.6(a)、(b)]。水分子在孔道内呈一维连续螺旋状结构[如图 6.6(c)]。经测试该晶体的孔道大小约 14.5 Å。电导测试发现对映异构体的电导率差别不大,在室温和 98% RH 水气含量条件下分别达到 4.45×10^{-5} S·cm^{-1} 和 4.42×10^{-5} S·cm^{-1} 的电导率,导电活化能分别为 0.34 eV 和 0.36 eV。当水气含量降到 75% RH 和 60% RH 时,电导率值分别降为 1.49×10^{-5} S·cm^{-1} 和 1.22×10^{-5} S·cm^{-1}。在这种材料中质子导电路径可能是一维螺旋形孔道内吸附的水分子。在这些水分子链中 O…O 之间的距离为 3.234 Å。用 D_2O 代替 H_2O 分子合成$[Zn(L-L_{Cl})(Cl)(D_2O)]$,在同样的测试条件下(室温,98% RH,D_2O)发现电导率为 1.33 ×

10^{-5} S·cm^{-1}。这种 MOF 材料中的 Cl 如果用 Br 取代合成 [Zn(L−L$_{Br}$)(Br)] (H$_2$O)$_2$ 和 [Zn(D−L$_{Br}$)(Br)](H$_2$O)$_2$,虽然 Br 取代后与含 Cl 结构相似,但是没有表现出任何的导电能力。可见卤素元素的电负性对孔道内氢键的形成具有重要作用,通常这些氢键是质子导电的通道。

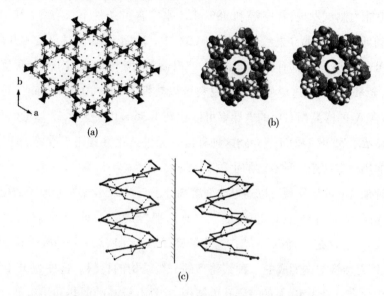

图 6.6 [Zn(L−L$_{Cl}$)(Cl)](H$_2$O)$_2$ 和 [Zn(D−L$_{Cl}$)(Cl)](H$_2$O)$_2$ 两种手性对映异构体的结构图

(a)沿 c 轴方向的结构图,图中多面体位置产生手性中心;(b)孔道内填充的两种对映异构体相反的螺旋方式图;(c)对映异构体包含水分子链形成的螺旋结构镜像图

　　近年来,分子结构中含有羧酸根和杂多酸离子的 MOF 化合物被用来作为质子导体材料进行了研究[59−60]。多金属含氧酸盐(Polyoxometalates,POMs)尤其是具有 Keggin 结构的物质作为电极材料或者电容器被广泛应用在包括燃料电池在内的多种电化学系统[61]。Wei 等采用 Keggin 结构的磷钨杂多酸 [PM$_{12}$O$_{40}$]$^{3-}$ 以及 H$_2$bpdc(2,20−bipyridyl−3,30−dicarboxylic acid)配体合成了两种杂多酸的 MOF 复合物,分子式可以表示为 {H[Cu(Hbpdc)(H$_2$O)$_2$]$_2$ [PM$_{12}$O$_{40}$]nH$_2$O}$_n$,(M = W 或 Mo)[60]。在这类复合物中 [Cu(Hbpdc)(H$_2$

O)$_2$]$^{2+}$,[PM$_{12}$O$_{40}$]$^{3-}$,H$^+$和水分子相互作用组装在一起形成三维结构的晶体,在这种结构中存在沿 a 轴方向,大小为 10.94 Å 的一维亲水性孔道结构。在孔道内存在 Hbpdc 配体氧原子、杂多酸离子中的氧原子还有配位水分子,吸附的水分子与这些氧原子形成氢键,为质子导电提供通道。在这种材料上进行导电能力测试发现,在室温和 98% RH 水气含量条件下仅有 3×10^{-7} S·cm^{-1}的低电导率,而导电活化能高达 1.02 eV。然而,随着测试温度的升高,这类 MOF 的电导率也都有相应的增大。当升到 100℃和 98% RH 水气含量条件下,包含 Mo 原子的这类质子导电材料可以获得 1.25×10^{-3} S·cm^{-1}的电导率,而含 W 的样品相对应的电导率可以达到 1.56×10^{-3} S·cm^{-1}。这项研究首次显示了 MOF - POM 复合物这种有机 - 无机杂化方式用于改善 MOF 质子导体的热稳定性是一种有效的手段。

近来,Hupp 等发现可以通过改变溶剂分子与 MOF 骨架中心原子的配位来改善 MOF 质子导体的导电能力[62]。他们把合成的一种 MOF 材料命名为 HKUST - 1。这是一种以 Cu^{2+}作为中心离子,BTC(1,3,5 - benzenetricarboxylate)作为结构配体形成的一种桨轮型的三维结构的材料。这种 MOF 化合物结构中含有直径为 10 Å 的三维孔道结构,并且有较高的耐热和耐溶剂性。在 HKUST - 1 结构中,中心离子(Cu^{2+})可以容纳 60% 的水分子和 40% 的乙醇分子配位。这些溶剂配位分子通过核磁共振(NMR)和 X 射线衍射(PXRD)技术证实可以被水分子、乙醇分子、甲醇分子和甲氰分子完全替换。在甲醇蒸汽气氛中测试该 MOF 材料的导电能力结果表明,H$_2$O - HKUST - 1 可以表现出 1.5×10^{-5} S·cm^{-1}的电导率。当乙醇或甲氰取代水分子后,电导率降低 75 倍,而甲醇取得的结构降低得更多,可以达到 90 倍。随着甲醇分子占据整个材料的孔道,Cu^{2+}配位的水分子和甲醇分子间相互传递质子构成质子导电通道,其中甲醇质子化后可以产生 CH$_3$OH$_2^+$作为导电物种。然而在正己烷溶液中,H$_2$O - HKUST - 1 的电导率比在甲醇中低五个数量级。通过这项研究可以看出,溶剂分子的配位是调变 MOF 导电能力的一种有效的手段。

除了羧酸根,磷酸根相关的 MOF 质子导体材料也获得了广泛的研究。众所周知,磷酸是一种三元酸,磷酸根基团中有三个可以配位的氧原子,这种多元酸根离子为多重配位形成多维度的骨架结构提供了可能性。磷酸基的 MOF 材料中三个氧负离子可以作质子受体形成氢键,未反应的磷酸羟基也可以提供质子,这些都是质子导体重要的物种。Taylor 等报道了一种 Zn 离子配位的磷酸基 MOF 质子导体材料。这种材料采用 1,3,5 - 苯三磷酸(H_6L)作为配体,Zn^{2+} 作为中心离子配位后形成的化合物的分子式可表示为 $Zn_3(L)(H_2O)_2 \cdot 2H_2O$ (PCMOF - 3)[63]。这种材料中配体与中心离子配位形成层状结构,这种结构靠 L 配位与金属离子沿 bc 面交叉连接。层间填充未配位的水分子,这些溶剂水分子通过氢键与 Zn^{2+} 结合,Zn^{2+} 同时还与水分子和磷酸根中的氧原子配位。层与层之间的氧原子间距为 2.698 ~2.895 Å 之间。电化学测试发现这种材料在室温以及 98% RH 水气含量条件下,可以达到 3.5×10^{-5} S·cm^{-1} 的电导率,导电活化能仅有 0.17 eV。从低的导电活化能可以判断这种材料是按 Grottuss 机理导电的。

Taylor 等报道了另外一种磷酸基的 MOF 质子导体。这种材料被命名为 PCMOF - 5,它具有良好的耐水稳定性,电导率可以达到 10^{-3} S·cm^{-1} 的数量级。这种材料的合成是通过 $La(HSO_4)_3/H_2SO_4$ 与 1,2,4,5 - 四磷酰基甲基苯(L^{8-})相结合的。形成的是一种三维骨架结构的材料,分子式可表示为[La$(H_5L)(H_2O)_4$](PCMOF - 5)[如图 6.7(a)]。这是利用四磷酰基这种具有柔性结构的四齿配体形成的三维骨架,其中包含有直径仅为 5.81 Å 的一维孔道。在 60℃,98% RH 水气含量条件下,电导率测试可以达到 2.5×10^{-3} S·cm^{-1}。这种材料中导电的质子是来源于沿 a 轴的一维酸性孔道[如图 6.7(b)]。未配位的两个磷酸基团沿着这些孔道和单个的磷酸质子(每个结构单元 1 个)和游离态的水分子构成质子传递通道。导电活化能仅为 0.16 eV,证明了这是按氢键导电机理导电的。该小组同样研究了这种材料的耐水性,如果把 PCMOF - 5 在沸水中放置一周,通过 X 射线衍射实验测试发现材料的结晶度没有变化,质量没有损失,电导率也能基本保持。说明这是一种对水很稳定的 MOF 质子导体材料。PCMOF - 5 显示出良好的质子导电性,更重要的是它能在沸水条件下保持稳定,而且还是最早报道的含有磷酸质子的磷酸基 MOF 质子导体材料。

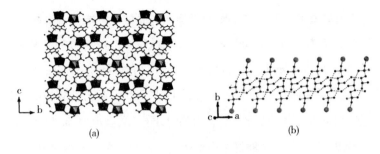

图 6.7 PCMOF – 5 的结构图

(a)沿 a 轴方向结构图,图中多面体代表 PCMOF –5 孔内填充磷酸和

水分子;(b)磷酸分子和水分子之间形成的一维氢键阵列

Kim 等把前面提到的由 Hurd 小组首先合成的 PCMOF[64],β – PCMOF – 2[65]与 Taylor 小组报道的 PCMOF – 3[63]进行复合,杂化后的材料命名为 PC-MOF – 2.5。在这种复合材料中 β – PCMOF – 2 的配体 2,4,6 – 三羟基,1,3,5 – 苯三磺酸基(L1)与 PCMOF – 3 中的 1,3,5 – 苯三磷酸基形成一维柱状结构并包含有一维孔道。然后与 Na^+ 交叉连接成三维结构材料。β – PCMOF – 2 形成的孔道大小为 5.6 Å。如果这种孔道中的水分子被 1,2,4 – 三甲基吡咯取代,这种分子可以作为质子导体通道实现无水条件下的质子导电性。结构分析发现,这种材料的每个结构单元中可以引入 0.3 ~ 0.6 个多取代的吡咯分子。但是在最大的吡咯分子含量时电导率不会超过 5×10^{-4} S·cm^{-1}。这种复合材料中质子电导率的最大限制因素可能是结构中没有足够的质子而不在于质子传递的通道。因此,增加氢离子的浓度可以增加导电能力。在 PCMOF – 2.5 结构中,之所以选择 L2 配体复合是考虑到它与 L1 配体具有相近的分子尺寸、相似的疏水性以及 C_3 对称性,使得它们相互取代后不会破坏晶体的原有结构。另外,在 L2 配体中要使得磺酸根和磷酸根保持电荷平衡需要等电量的质子,这些质子数量的增加无疑对导电能力的提高是非常重要的。总之,PCMOF – 2.5 中的一维孔道中磺酸根和磷酸根基团中的氢有效地提供了导电物种。经测试,在 85℃以及 90% RH 水气含量条件下,可以达到 2.1×10^{-2} S·cm^{-1} 的电导率。结构分析(XRD)发现 PCMOF – 2.5 与 β – PCMOF – 2 具有相同的晶体结构。值得一提的是,这种复合材料的合成只能通过固相合成方法。PC-

MOF - 2.5 是第一种质子电导率可以达到 10^{-2} S·cm^{-1} 数量级的质子导体类的金属有机骨架结构的材料。

6.2　高温 MOFs 质子导体

如前所述，目前大部分工作 MOF 质子导体材料都是集中在低温并且有水气存在的操作环境下进行的。然而，高温操作条件在有些电化学应用领域也有广泛的应用。众所周知，当温度升高到 100℃以上时水会挥发。从前面的例子可以看出，在 MOF 质子导体材料中水的存在非常重要。因此，高温就意味着材料中靠水作为质子传递通道的缺失。目前商品化的 Nafion 树脂质子导体在 80℃以上就会失水失去导电性。所以，开发能够耐高温、克服无水条件并能够表现出导电能力的 MOF 质子导体显得尤为重要。

为提高材料的高温质子导电性能有以下几种可能的方案：引入高沸点的质子载体分子进入 MOF 孔道。例如一些有机杂环分子，1,2,4 三唑等分子。

咪唑盐（PKa = 6.9）和吡唑盐（PKa = 2.6）[66] 是两种潜在的替代物种，是因为他们具有和水分子相似的质子传递能力并且还具有两亲性[67-70]。和水分子相比，这些分子具有更高的沸点，可以保持 100℃以上不挥发，这种物理性质为高温环境的应用提供了可能。1,2,4 三唑和 1,2,3 三唑同样被用来促进聚合物导体的高温导电性能。三唑和咪唑相比具有更低的 PKa 值（2.2 vs 6.9），尤其是在燃料电池工作条件下具有更好的稳定性[71]。

Hurd 等报道了一种磺酸基的 MOF 质子导体材料，可表示为 β - PCMOF - 2[Na$_3$(2,4,6 - trihydroxy - 1,3,5 - benzenetrisulfonate)]。在这种材料中，三羧基苯磺酸分子形成六边形层状结构，然后通过 Na$^+$ 交叉连接形成三维蜂窝状结构，其中包含有 5.65 Å × 15.91 Å 的一维孔道（如图 6.8）。这种孔道是由磺酸基中的氧原子围成的。水化以后这种材料可以获得 5.0×10^{-6} S·cm^{-1} 的电导率。但是 70℃以上由于脱水作用，电导率会急剧地降到 10^{-8} S·cm^{-1} 数量级以下。然而当 1,2,4 三唑（Tz）引入孔道以后，在 150℃时随着三唑的担载量逐渐从 0.3、0.4 增加到 0.6，电导率可以分别达到 $2.0 \times 10^{-4}\ \mathrm{S \cdot cm^{-1}}$、$5.0 \times 10^{-4}\ \mathrm{S \cdot cm^{-1}}$ 和 $4.0 \times 10^{-4}\ \mathrm{S \cdot cm^{-1}}$。导电活化能同样随三唑的负载量的变化而变化。另外，利用 β – PCMOF2(Tz)$_{0.45}$ 作为电解质可以整合进膜电极构建燃料电池系统，在 $\mathrm{H_2}$/空气气氛中燃料电池的开路电压为 1.18 V，在 100℃ 运行 72h 能够保持稳定。这是第一个应用于燃料电池上的 MOF 质子导体材料。

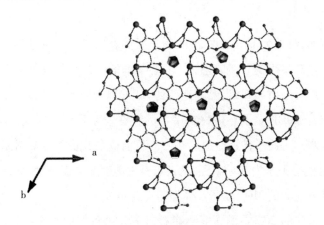

图 6.8　PCMOF –2 沿 c 轴方向结构图，开口的十八元环孔道，孔内填充三唑分子（图中多面体）

Bureekaew 等利用咪唑作为质子传递介质，填充在铝基的金属有机骨架结构中。这些材料可表示为 $[\mathrm{Al}(\mu_2 - \mathrm{OH})(1,4 - \mathrm{ndc})]_n$（其中 ndc = naphthalenedicarboxylate）和 $[\mathrm{Al}(\mu_2 - \mathrm{OH})(1,4 - \mathrm{bdc})]_n$（其中 bdc = benzenedicarboxylate）[72]。这两种化合物结构中都包含有共角的 $\mathrm{AlO_4}(\mu_2 - \mathrm{OH})_2$ 链，再通过二羧酸配体连接形成三维结构，其中包含有一维孔道（如图 6.9）。在 ndc 骨架中有两类亲水的微孔，而在 bdc 骨架结构中仅有一种菱形的亲水孔道。这两种化合物中的孔道大小相近，均为 8 Å。在 ndc 和 bdc 结构中可分别按咪唑/Al 比引入 0.6 和 1.3 个咪唑分子。分别表示为 $\mathrm{Im@}[\mathrm{Al}(\mu_2 - \mathrm{OH})(1,4 - \mathrm{ndc})]_n$ 和 $\mathrm{Im@}[\mathrm{Al}(\mu_2 - \mathrm{OH})(1,4 - \mathrm{bdc})]_n$。在室温条件下，$\mathrm{Im@}[\mathrm{Al}(\mu_2 - \mathrm{OH})(1,4 - \mathrm{ndc})]_n$ 表现出 $5.5 \times 10^{-8}\ \mathrm{S \cdot cm^{-1}}$ 的电导率，当温度升高到 120℃ 以后电导率可以增加到 $2.2 \times 10^{-5}\ \mathrm{S \cdot cm^{-1}}$。尽管 $\mathrm{Im@}[\mathrm{Al}(\mu_2 - \mathrm{OH})(1,4 - \mathrm{bdc})]_n$ 中含有的咪唑分子比在 ndc 中多了一倍以上，但是在这种材料上室温条件下仅获

得了 10^{-10} S·cm^{-1} 的电导率。测试温度升高到 120℃ 以后,电导率可增加到 1 $\times 10^{-7}$ S·cm^{-1}。这两种材料电化学性能上的差别可以归因于咪唑分子和孔道表面不同程度的相互作用。ndc 结构中非极性的孔道可以允许极性的咪唑分子自由通过,而 bdc 结构中孔道显示的是极性性质,这种结构与咪唑分子具有较强的相互作用,这种作用进而限制了咪唑分子的移动性。这项工作表明,通过改变质子载体和 MOF 骨架性质可以调变材料的整体导电能力,为这种材料在质子导体中的广泛应用提供了很好的方法和依据。

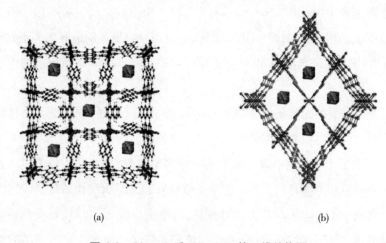

(a)   (b)

图 6.9　Al – ndc 和 Al – bdc 的三维结构图

(a) Al – ndc;(b) Al – bdc

(孔中的立方体代表咪唑分子)

根据 MOF 结构中引入客体分子可以提高材料电导率的研究思路。Ponomareva 等把无机酸引入到 MIL – 101(MIL = Materials Institute Lavoisier)结构中[73]。在 MIL – 101 结构中包含三个八面体配位的 Cr 原子。然后通过 1,4 苯二甲基酸离子连接形成超级四面体(ST)[15]。三聚金属离子占据四面体的顶点,有机分子占据四面体的边缘。这些四面体结构再进一步互相连接形成一种含有中孔笼的立方体三维结构,笼内填充溶剂分子。笼状结构分为两种,其中较小的笼具有五元环的窗口,开口尺寸为 12 Å;而较大的笼具有五元和六元环的窗口,开口尺寸为 14.5×16 Å。把这种 MOF 材料与 H_2SO_4 和 H_3PO_4 等无机酸混合后,通过升温除去多余的水分子可以形成 H_2SO_4 和 H_3PO_4 负载的 MIL – 101,分别表示为 $H_2SO_4@$ MIL – 101 和 $H_3PO_4@$ MIL – 101。元素分析发现 MIL – 101 笼中可以容纳 50 个 H_2SO_4 和 42 个 H_3PO_4 分子。结构分析(XRD)表明这些无机酸装入笼内后,MIL – 101 的骨架结构能够基本保持。分别在 20% RH、30℃ 和 56℃ 条件下进行电导测试,$H_2SO_4@$ MIL – 101 和 $H_3PO_4@$ MIL – 101 可分别获得 4.0×10^{-2} S・cm^{-1} 和 2.5×10^{-4} S・cm^{-1} 的电导率,导电活化能为 0.42 eV。温度升高到 150℃,水气含量降为 0.13% RH 条件下电导率可分别达到 1.0×10^{-2} S・cm^{-1} 和 3×10^{-3} S・cm^{-1}。因为 $Ka(H_2SO_4) > Ka(H_3PO_4)$,所以 MOF 骨架中引入 H_2SO_4 后可以获得更高的电导率。研究结果可以看出,用无机酸负载的 MOF 质子导体可以达到 Nafion 树脂相当的质子导电能力。

另外一种制备无水条件下质子导电性的 MOF 材料的方法是合成材料骨架上含有可以导电的活性质子的化合物。这种成分的 MOF 材料第一次被 Umeyama. 等合成出来。该小组合成的是一种多聚磷酸锌的物质,分子式可表示为 $[Zn(H_2PO_4)_2(TzH)_2]_n$[74]。这是一种具有二维层状结构的材料。这种材料晶体结构中磷酸与 Zn^{2+} 呈八面体配位,每个配位的 Zn^{2+} 结构单元靠三唑分子连接形成二维层状结构,然后沿 c 轴堆积。层间延轴向在配位的磷酸根之间存在大量的氢键结构。质子导体性能测试表明该化合物在 150℃ 具有 1.2×10^{-4} S・cm^{-1} 的电导率,导电活化能为 0.6 eV。另外通过结晶生长为 0.55 mm × 0.25 mm × 0.06 mm 的晶体,然后测试晶体的电化学性能发现在 130℃ 条件下,面内和面外电导率分别为 1.1×10^{-4} S・cm^{-1} 和 2.9×10^{-6} S・cm^{-1}。这种结果表明这种材料导电性质的各向异性。

另外一种含有相同基团的磷酸锌多聚配合物也被进行了深入的研究。分子式可以表示为 $[Zn(HPO_4)(H_2PO_4)_2] – (ImH_2)_2$[75]。这种化合物包含四面体配位的 Zn^{2+} 和两类磷酸根 $[Zn(HPO_4)(H_2PO_4)_2]^{2-}$ 相互连接成一维强酸性的链状结构[如图 6.10(a)]。晶体中两个质子化的咪唑分子落位于链与链之间的空隙平衡骨架负电荷构成离子晶体系统[如图 6.10(b)]。在这种晶体结构中质子化的咪唑盐与单磷酸形成多重氢键。经测试这种材料在常温下的电

导率为 3.3×10^{-8} S·cm^{-1}，随着温度升高电导率随之增大，当温度升高到 55℃时电导率有一个明显的突跃，继续升高温度到 130℃时电导率可以达到 2.6×10^{-4} S·cm^{-1}。在这个温度条件下保持 12h 电导率可以保持稳定不变，显示出这种 MOF 质子导体良好的耐高温性能。结构分析(XRD)表明从室温到 130℃这种材料的晶体结构基本保持不变。这种材料在高温条件下的导电物种可能是质子化的咪唑离子的迁移。55℃条件产生的电导率值的突跃可能是由于这种化合物在 55℃温度点有一个玻璃化的转变。这一点可以通过差示扫描热分析实验(DSC)所证实。DSC 实验发现这种材料在 70℃附近有一个 6.6 J·K^{-1}·mol^{-1} 的熵变。这种实验证据也证明了这种材料的导电性来源于质子化的咪唑离子在局部的热力学运动性质。

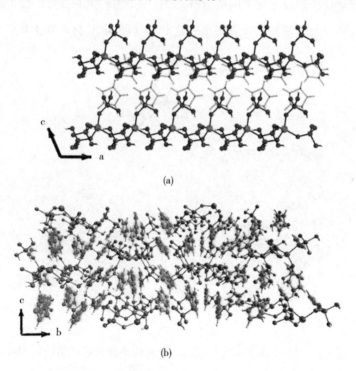

(a)

(b)

图 6.10　(a)$[Zn(HPO_4)(H_2PO_4)_2]^{2-}$ 的一维链状结构图，链间是质子化的咪唑离子；(b)$[Zn(HPO_4)(H_2PO_4)_2]$ - $(ImH_2)_2$ 的整体晶体结构

目前大部分报道的 MOF 质子导体材料要么在低温有水气存在条件下操作,要么在高温无水条件下操作。能够跨越两者之间的鸿沟,在两个条件下均能表现出质子导电性质的材料鲜有报道。最近 Nagarkar 等报道了一种在两种操作条件均能表现出导电能力的 MOF 材料[76]。这种材料的分子式可以表示为 $\{[(Me_2NH_2)_3-(SO_4)]_2[Zn_2(ox)_3]\}_n$。从分子式中可以看出这是一种草酸盐基的金属有机骨架材料。骨架结构是由 $[Zn_2(ox)_3]^{2-}$ 构成[如图 6.11 (a)]。在晶体结构中骨架阴离子围成直径约为 11.12 Å 的三维孔道。孔道中填充二甲基胺阳离子和硫酸根阴离子[如图 6.11(b)],阴阳离子间靠静电引力互相结合形成离子团,分子式可以表示为 $[(Me_2NH_2)_3-(SO_4)]^{4+}$。这些阳离子团相互连接形成超分子网络 $[(Me_2NH_2)_3(SO_4)]^{n+}$(如图 6.11 c)。大量的氢键存在于二甲基胺和硫酸根离子之间。这种 MOF 材料在 150℃,无水条

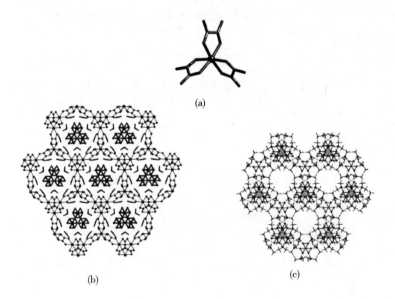

图6.11 (a) $[Zn_2(ox)_3]^{2-}$ 具有 **D3** 对称的结构图;(b) $\{[(Me_2NH_2)_3-(SO_4)]_2[Zn_2(ox)_3]\}_n$ 的晶体结构图,图中孔道内填充的有 **DMA** 阳离子和无序的硫酸根阴离子;(c) $[(Me_2NH_2)_3-(SO_4)]_n^+$ 超分子结构图

件下表现出 1.0×10^{-4} S·cm^{-1} 的电导率,导电活化能为 0.13 eV。低的导电活化能显示出在这个操作条件下这种材料中的质子按 Grottuss 机理导电。而在室温,98% RH 水气含量条件下,这种材料最大的电导率可以达到 4.2×10^{-2} S·cm^{-1},这是迄今为止公开报道的导电能力最好的 MOF 质子导体材料。

6.3　MOFs 薄膜质子导体

目前,大部分 MOF 质子导电材料导电性能的应用都是采用粉末压片或者直接在单晶上测试。然而,如何把这类晶型材料通过适当的合成制备出薄膜材料仍然面临着挑战。一些小组在这个方向经过努力也获得了一些初步的结果。例如,Kitagawa 和 Kanaizuka 等报道了一种采用三个二硫代草酰胺,靠逐层生长的方法合成出高度结晶的表面配位的聚合物[77]。Jeong 等最近也报道了一种快速热分解的方法制备 MOF 薄膜材料。这种方法是把薄膜底物浸入一种 MOF 前驱物的溶液中,然后快速加热把温度升高到诱导结晶的温度。除了利用 MOF 本体结构构建薄膜电解质材料,另外一类混合晶体膜技术也获得了广泛的关注。这种新型的膜材料是采用柔性的聚合物晶体填充到 MOF 材料的孔道中。

Xu 等报道了一种高度有序的晶型 MOF 纳米薄膜。这种 MOF 膜是采用 5,10,15,20 – Tetrakis(4 – carboxyphenyl)porphyrin(TCPP)与 Cu^{2+} 配位形成二维纳米层状结构的 Cu – TCPP,然后进一步与桨轮型的 Cu$_2$(COO)$_4$ 连接形成三维结构[78]。这种结构中沿 c 轴存在一维孔道。这种纳米片结构含有悬空的羧酸基团。然后在一个 SiO$_2$/Si 薄片上通过分子组装技术将这种 MOF 材料沉积在 Au/Cr 电极上,在两电极之间形成 MOF 材料薄膜(如图 6.12)。

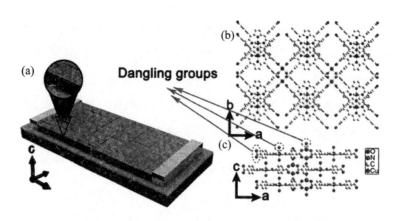

图 6.12 (a) MOF 电化学测试中的纳米薄膜,

(b) 和 (c) 分别代表纳米薄膜的晶体结构图

同步辐射场发射 X 射线衍射(GIXRD)实验发现存在面内(hk0)和面外(001)衍射峰,证实了这种 MOF 纳米片的 ab 面平行于 SiO_2/Si 衬底形成薄膜。阻抗测试显示在室温,40% RH 水气含量条件下,这种复合膜系统有 3.2×10^{-8} S·cm^{-1} 的电导率。当气氛中水气含量提高到 90% RH,相应的电导率值将迅速地增加三个数量级到 6.2×10^{-5} S·cm^{-1}。当水气含量达到 98% RH 时,电导率值可以进一步提高到 3.9×10^{-3} S·cm^{-1}。GIXRD 实验显示 MOF 纳米薄膜在高水汽气氛环境下能够保持稳定。进一步分析水的吸附量和电导率之间的关系发现,当水气从 40% RH 增加到 90% RH,每个 TCPP 单元吸附 4 个水分子,产生 3.5 个数量级的电导率的增加。这种纳米片 MOF 材料表面悬空的羧基基团吸附水分子后作为 Lewis 酸性位,提供了导电性的质了。当水气含量高于 90% RH 时,孔道内会发生毛细管凝聚,每个 TCPP 结构单元可以吸附 34 个水分子。这项研究是第一个公开报道的 MOF 导电薄膜材料。

Liang 等把 MOF 晶体与聚合物基体进行复合并研究了这种复合膜材料(MMMs)在不同条件下的导电性能[79]。他们首先采用一种 D 型旋光性质含有膦酰基、哌啶基团的羧酸[D – 1 – (phosphonomethyl) – piperidine – 3 – carboxylic acid]做配体与 Ca^{2+} 配位合成两维手性的 MOF 化合物,分子式可以表示为 $\{[Ca(D-Hpmpc)-(H_2O)_2]-2HO_{0.5}\}_n$。这种化合物晶体结构中 Ca^{2+} 作为中心离子通过与膦酰基团中的氧相互连接,形成一维链状结构。这种结构进一步通过 Hpmpc^{2-} 配位,分子中的羧酸基团相互连接形成一种两维手性层状结构[如图6.13(a)]。在这种 MOF 材料晶体中配位水分子中的氧与羧酸基团形成一维 OH—O 氢键[如图6.13(b)]。将这种材料制备成 3~4 μm 长,直径 0.3~0.4 μm 的棒状。然后与 PVP 聚合物通过旋转涂敷方法结合构成复合材料。复合材料中 MOF 和 PVP 的比例可以从 3 wt%(MOF – PVP – 3)到 50 wt%(MOF – PVP – 50)之间变化。电导测试发现在 60℃ 以及 53% RH 水气含量条件下,电导率随 MOF 含量的增大而增加。MOF – PVP – 3 具有 4.8 × 10^{-7} S·cm^{-1} 的电导率,而 MOF – PVP – 50 的电导率可以达到 3.2 × 10^{-4} S·cm^{-1},导电活化能为 0.65 eV。值得一提的是,复合物 MOF – PVP – 50 在 25℃ 以及 53% RH 水气含量完全相同的测试条件下表现出的电导率(2.8 × 10^{-5} S·cm^{-1})高于纯的 MOF 微米棒(6.9 × 10^{-9} S·cm^{-1})和纯的 PVP 聚合物(1.8 × 10^{-8} S·cm^{-1})。这个结果说明 MOF 和 PVP 复合后产生了协同效应。水吸附实验发现在 95% RH 水气含量条件下 PVP,MOF – PVP – 50 和 MOF 的最大吸附量分别为 1315 cm^3·g^{-1}、761 cm^3·g^{-1} 和 25 cm^3·g^{-1}(STP);如果换算成质量比分别对应于 105 wt%、61 wt% 和 2 wt%。综上所述,这种复合物膜材料的导电能力主要取决于 MOF 的含量和 PVP 聚合物对水分子的强吸附能力。

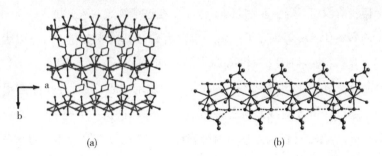

(a)　　　　　　　　　　　　　　(b)

图6.13　(a)Ca MOF 的两维层状手性结构图和(b)一维氢键结构

Wu 等人报道了另一种具有较高导电能力的混合基体膜导电材料。这种材料合成是采用一种含有磺酸基的聚合物[poly(2,6 – dimethyl – 1,4 – phenylene oxide),SPPO]和 Fe – MIL – 101 – NH$_2$ 或 [Fe$_3$(O)(BDC – NH$_2$)$_3$(OH)(H$_2$O)$_2$]$_n$H$_2$O(分子中 BDC – NH$_2$ = 2 – aminoterephthalate)结合[80]。在这种材料

中 SPPO 母体与 Fe – MIL – 101 – NH₂通过 Hinsberg 反应键合。具体说来是 SP-
PO 中的磺酰氯与 Fe – MIL – 101 – NH₂中的氨基反应生成磺胺盐。这个反应
的发生可以通过 FTIR 实验证实。因为反应以后对应于 – SO₂Cl 基团中 S – Cl
的 IR 吸收峰消失，而在 1170 cm⁻¹处出现了一个新的吸收峰，这个峰可对应于
新生成的磺胺基团中 S—N 化学键的伸缩振动。扫描电子显微镜（SEM）实验
可以观察到 Fe – MIL – 101 – NH₂时呈八面体晶型的形貌结构。这种结构在
MMM 复合材料中得以保持。XRD 实验也进一步佐证了复合材料中存在 MOF
化合物。这种复合膜材料在室温以及 98% RH 水气含量和 6 wt% MOF 负载
量时电导率最大可以达到 1×10^{-1} S·cm⁻¹。随着温度升高到 90℃，在同样的
水气含量条件下复合材料的电导率可以达到 2.5×10^{-1} S·cm⁻¹。

6.4　其他多孔性质子导体材料

近来有些研究关注一些纯的有机晶体体系。这种物质要表现出质子导电
性，需要拥有较强的多重氢键和高度有序的超分子结构。然而，目前这类工作
还处于初步阶段，未来还有大量的工作需要在这个领域深入开展。

Jiménez – García 等研究了一系列包含有磷酸基的小分子[81]，可以表示为
p –6PA – HPB［hexakis（ p – phosphonatophenyl）benzene］（如图 6.14）[82]。这
种材料晶体靠 p –6PA – HPB 分子间 π – π 作用堆积而成，分子间距大约为
0.6 nm。通过广角 X 射线散射实验（WAXS）发现，这是一种柱状结构，柱间距
离约 1.4 nm。这种材料水分子吸附等温线有一个明显的滞后环说明水分子和
材料相对较强的结合能力。在室温以及 95% RH 水气含量条件下这种材料表
现出 2.5×10^{-2} S·cm⁻¹的电导率。尤其重要的是，随温度的升高电导率基本
保持在 3.2×10^{-3} S·cm⁻¹不变；这一点和 Nafion117 以及其他获得工业应用
的聚合物是不同的。

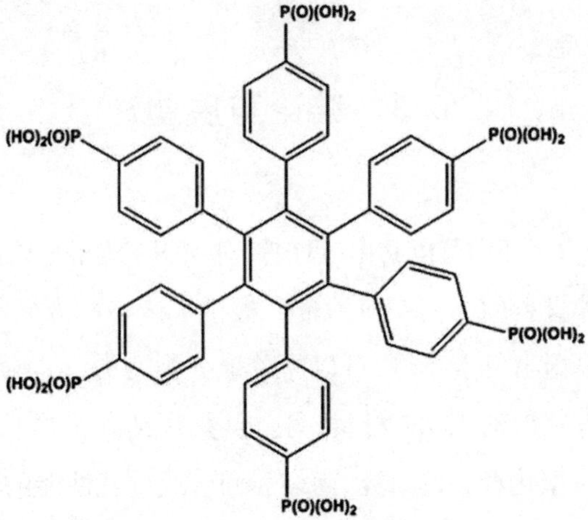

图 6.14　p – 6PA – HPB 的分子结构图

　　事实上,160℃ 以上温度条件下,p – 6PA – HPB 的质子导电能力比 Nafion117 更强。这项研究显示出有机超分子材料在质子导体领域应用的重要意义。进一步的研究发现,由于 p – 6PA – HPB 结构中高的质子导电性能,其自组装的柱状结构中具有连续的酸性外表面。这种结构为其他材料的继续改性提供了结构上的可能。另外,材料的结晶度对导电性能具有关键性的影响,因为高度有序的结构可以构建良好的质子传递通道。

　　Kim 等研究了另外一种有机固体导电材料,表示为 cucurbit[n]uril[83]。当 $n = 6$ 时(CB[6]),在 HCl 或 H_2SO_4 溶液中重结晶可以形成酸复合的晶体,可以分别表示为 B[6] · 1.1HCl · 11.3H_2O 和 CB[6] · 1.2H_2SO_4 · 6.4H_2O。这些材料晶体中都包含一维孔道的蜂窝状结构。在孔道内填充水分子和无机酸分子,分子间形成较强的氢键。在室温以及 98% RH 水气含量条件下,HCl 和 H_2SO_4 复合物分别表现出 1.1×10^{-3} S · cm^{-1} 和 1.3×10^{-3} S · cm^{-1} 的电导率,低的导电活化能显示这种材料是按 Grottuss 机理导电的。单晶导电实验显示出导电性质的各向异性。HCl 和 H_2SO_4 复合物晶体沿 c 轴方向电导率分别为 7.1×10^{-5} S · cm^{-1} 和 5.0×10^{-6} S · cm^{-1}。这项研究表明不仅可以通过改变多孔性有机材料结构影响其导电性能,也可以通过有机物固体利用无机酸氢键化提高其质子导电能力。

6.5　结论与展望

从以上论述的例证中可以看出,目前针对 MOFs 质子导体材料的研究路线各不相同,为这种材料的研究和应用推广提供了诸多的方向与思路。纵观目前的研究内容,根据出发点不同,可以简单地分为两类,一类是从实际应用考虑,寻找更好导电性能的 MOFs 材料;另一类是从纯理论出发,制备模型化合物,通过对这些模型化合物的研究,为设计和合成更好性能的 MOFs 材料提供设计方法和思路,即使设计出的模型化合物目前看来没有任何商业上的价值。目前研究报道的研究考察内容主要包括材料的组成、材料维度、孔道结构、化学官能团以及客体质子载体分子等诸多影响质子导电性能的关键因素。如果要问什么是最好的 MOF 质子导体? 可能并没有一个明确的答案。因为针对不同的应用领域(如有水无水、高温低温等应用环境)对材料的结构和性能都有不同的要求。虽然如此说,但是无论何种使用条件,MOF 质子导体材料仍然还有一些共性的特点。例如,具有氢键作用的酸性基团、有效的线型孔道结构、能传递质子的溶剂分子、能够自由移动的质子载体以及质子传递路径中适宜的 PKa 值(如果 PKa 匹配不合适,意味着质子传递路径中有较强的碱性位,会导致质子中和失去导电性)等因素。为获取高的操作温度,目前看来在 MOFs 骨架孔道内因子比水分子沸点更高的质子化的分子或离子是一个有效的手段。综合这些优良的 MOF 质子导体应具备的特征,同时还要具备稳定的骨架结构,目前不乏例证。MOF 质子导体与聚合物膜电极系统组合被提出后也在使用中验证了有效性。但是目前仍未在工业水平上测试,这是该领域未来需要深入的方向。

MOF 质子导体材料(PCMOFs)不仅为商业化燃料电池膜提供了一种选择,它的研究对材料设计和质子导电现象机理的研究均具有理论上的意义。PC-MOFs 同时也提供了一种在有序的材料中引入质子传递基团,从而使得材料具有导电能力的设计方案。总结诸多的 PCMOFs 成功的案例可以看出,对金属有机骨架材料质子导电性能的优化,不仅可以从 MOF 化合物的本体结构(包括材料的晶格维度和孔道结构)入手,也可通过对质子传递通道物种(包括质子载体的挥发性)的选择达到优化材料性能的目的。

PCMOFs 作为一种新型的质子导体材料,随着研究的不断开展,仍然有诸多的问题需要一个一个地去解决,这些问题包括但不仅限于以下几点:(1)足够高的电导率($>10^{-2}$ S·cm^{-1});(2)耐水稳定性;(3)足够的机械强度和耐加工性能。目前已经报道的 MOF 材料有几个体系的电导率已经超过 10^{-2} S·cm^{-1},所以我们有充分的理由相信在 MOF 质子导体领域更高的电导率是可以预期的。PCMOFs 水稳定性实验文献中有所报道但是并不广泛,在各种应用条件下对水稳定的 MOF 材料研究报道在逐年增加。MOF 合成中材料官能团性质的选择为这种质子导体材料在不同领域的应用提供了多种可能性。机械强度和耐加工性对 MOF 质子导体材料的工业化应用尤其重要。当然,这种物理性能的要求不仅限于 MOF 作为质子导体材料,MOF 材料在其他领域的应用也是一个共性的问题。但是 PCMOFs 合成中有多种结构和成分可供选择,因此我们并不认为这是一个无法克服的问题。从辩证的角度来看,事物都是具有两面性的,就是由于这些问题的存在才激励着研究者们拓展思路不断地设计合成新的材料。这些材料架起了固体无机物和有机化合物之间的桥梁。但从应用的角度来看,合成出的材料必须与工程系统相结合,对每一种新的膜材料进行一步步地放大应用。基于目前的研究结果,未来该领域预期将会持续不断地有新的成果涌现。

参考文献

[1]李志华,刘鸿,宋凌勇,等.双金属功能化的 MOF - 74 合成及气体吸附性能[J].无机化学学报,2017,33(2):237 - 242.

[2]巩睿,周丽梅,马娜,等.金属有机骨架材料 MOF - 5 吸附苯并噻吩性能[J].燃料化学学报,2013,41(5):607 - 612.

[3]陈驰,庞军,韩爽,等.官能团修饰对 MOF - 5 的气体分子吸附影响[J].物理化学学报,2012,28(1):189 - 194.

[4]K. Sumida,D. L. Rogow,J. A. Mason,et al. Carbon dioxide capture in metal – organic frameworks[J]. Chemical Reviews,2012,112(2):724 – 781.

[5] L. J. Murray, M. Dincă, J. R. Long. Hydrogen storage in metal – organic frameworks[J]. Chemical Society Reviews,2009,38,1294 – 1314.

[6]O. K. Farha,A. Ö. Yazaydın,I. Eryazici,et al. De novo synthesis of a metal – organic framework material featuring ultrahigh surface area and gas storage capacities[J]. Nature Chemistry,2010,2,944 – 948.

[7]O. K. Farha,I. Eryazici,N. C. Jeong,et al. Metal – organic framework materials with ultrahigh surface areas:Is the sky the limit? [J]. Journal of the American Chemical Society,2012,134:15016 – 15021.

[8]M. P. Suh,H. J. Park,T. K. Prasad,et al. Hydrogen Storage in Metal – Organic Frameworks[J]. Chemical Reviews,2012,112(2):782 – 835.

[9]H. Furukawa,K. E. Cordova,M. O'Keeffeet,et al. The Chemistry and Applications of Metal – Organic Frameworks [J]. Science, 2013, 341 (6149):974 – 986.

[10] O. M. Yaghi,M. O'Keeffe,N. W. Ockwig,et al. Reticular synthesis and the design of new materials[J]. Nature,2003,423(6941):705 – 714.

[11]K. L. Mulfort,J. T. Hupp. Chemical Reduction of Metal – Organic Framework Materials as a Method to Enhance Gas Uptake and Binding[J]. Journal of the American Chemical Society,2007,129(31):9604 – 9605.

[12]P. Nugent,Y. Belmabkhout,S. D. Burd,et al. Porous materials with optimal adsorption thermodynamics and kinetics for CO_2 separation[J]. Nature,2013,495(7439):80 – 84.

[13] R. Vaidhyanathan,S. S. Iremonger,G. K. H. Shimizu,et al. Direct observation and quantification of CO_2 binding within an amine – functionalized nanoporous solid[J]. Science,2010,330(6004):650 – 653.

[14]H. Li,M. Eddaoudi,M. O'Keeffe,et al. Design and synthesis of an exceptionally stable and highly porous metal – organic framework[J]. Nature,1999,402

(6759):276 – 279.

[15]G. Férey, C. Mellot – Draznieks, C. Serre, et al. A chromium terephthalate – based solid with unusually large pore volumes and surface area[J]. Science, 2005,309(5743):2040 – 2042.

[16]何燕萍,谭衍曦,张健. 基于尺寸识别和离子交换实现有机染料分离的一例阴离子型 MOF[J].化学学报,2014,72(12):1228 – 1232.

[17]T. M. McDonald, D. M. D' Alessandro, R. Krishna, et al. Enhanced carbon dioxide capture upon incorporation of N, N′ – dimethylethylenediamine in the metal – organic framework CuBTTri[J]. Chemical Science, 2011, 2 (10):2022 – 2028.

[18]J. A. Mason, K. Sumida, Z. R. Herm, et al. Evaluating metal – organic frameworks for post – combustion carbon dioxide capture via temperature swing adsorption[J]. Energy & Environmental Science,2011,4(8):3030 – 3040.

[19]P. Aprea, D. Caputo, N. Gargiulo, et al. Modeling carbon dioxide adsorption on microporous substrates:comparison between Cu – BTC metal organic framework and 13X zeolitic molecular sieve[J]. Journal of Chemical & Engineering Data, 2010,55(9):3655 – 3661.

[20]J. – R. Li, Y. Ma, M. C. McCarthy, et al. Carbon dioxide capture – related gas adsorption and separation in metal – organic frameworks [J]. Coordination Chemistry Reviews,2011,255(15),1791 – 1823.

[21]江兰兰,王先友,张小艳,等. 由 MOF – 5 制备的活性多孔碳及其超级电容特性[J].电源技术,2014,38(8):1497 – 1503.

[22]Y. – F. Liu, G. – F. Hou, Y. – H. Yu, et al. pH – Dependent Syntheses, Luminescent, and Magnetic Properties of Two – Dimensional Framework Lanthanide Carboxyarylphosphonate Complexes[J]. Crystal Growth & Design, 2013,13(8): 3816 – 3824.

[23]C. – I. Yang, Y. – T. Song, Y. – J. Yeh, et al. A flexible tris – phosphonate for the design of copper and cobalt coordination polymers:Unusual cage array

topology and magnetic properties[J]. CrystEngComm,2011,13(7):2678 – 2686.

[24] A. Harrison, D. K. Henderson, P. A. Lovatt, et al. Synthesis, structure and magnetic properties of $[Cu_4(Hmbpp)_2(H_2NC(O)NH_2)_2(H_2O)_8]\cdot 4H_2O[J]$. Dalton Transactions,2003,22:4271 – 4274.

[25] M. Kurmoo. Magnetic metal – organic frameworks[J]. Chemical Society Reviews,2009,38(5):1353 – 1379.

[26] Y. – S. Ma, Y. Song, X. – Y. Tanget, et al. Synthesis and structural and magnetic characterization of a hexadecanuclear cobalt phosphonate compound[J]. Dalton Transactions,2010,39(27):6262 – 6265.

[27] M. Wriedt, A. A. Yakovenko, G. J. Halder, et al. Reversible Switching from Antiferro – to Ferromagnetic Behavior by Solvent – Mediated, Thermally – Induced Phase Transitions in a Trimorphic MOF – Based Magnetic Sponge System [J]. Journal of the American Chemical Society,2013,135(10):4040 – 4050.

[28] G. – C. Xu, W. Zhang, X. – M. Ma, et al. Coexistence of Magnetic and Electric Orderings in the Metal – Formate Frameworks of $[NH_4][M(HCOO)_3][J]$. Journal of the American Chemical Society,2011,133(38):14948 – 14951.

[29] P. – F. Shi, G. Xiong, B. Zhao, et al. Anion – induced changes of structure interpenetration and magnetic properties in 3D Dy – Cu metal – organic frameworks [J]. Chemical Communications,2013,49(25):2338 – 2340.

[30] 刘丽丽,张鑫,徐春明. MOF 基上创立活性位的方法及其催化应用 [J]. 化学进展,2010,11(22):2089 – 2098.

[31] T. Kajiwara, M. Higuchi, A. Yuasa, et al. One – dimensional alignment of strong Lewis acid sites in a porous coordination polymer[J]. Chemical Communications,2013,49(89):10459 – 10461.

[32] J. – W. Zhang, H. – T. Zhang, Z. – Y. Du, et al. Water – stable metal – organic frameworks with intrinsic peroxidase – like catalytic activity as a colorimetric biosensing platform[J]. Chemical Communications,2014,50(9):1092 – 1094.

[33] D. Feng, W. – C. Chung, Z. Wei, et al. Construction of Ultrastable Por-

phyrin Zr Metal – Organic Frameworks through Linker Elimination[J]. Journal of the American Chemical Society,2013,135(45):17105 – 17110.

[34] S. Cao, G. Gody, W. Zhao, et al. Hierarchical bicontinuous porosity in metal – organic frameworks templated from functional block co – oligomer micelles [J]. Chemical Science,2013,4(9):3573 – 3577.

[35] P. Xydias, I. Spanopoulos, E. Klontzas, et al. Drastic Enhancement of the CO_2 Adsorption Properties in Sulfone – Functionalized Zr – and Hf – UiO – 67 MOFs with Hierarchical Mesopores[J]. Inorganic Chemistry,2013,53(2):679 – 681.

[36] F. Nouar, J. F. Eubank, T. Bousquet, et al. Supermolecular Building Blocks (SBBs) for the Design and Synthesis of Highly Porous Metal – Organic Frameworks[J]. Journal of the American Chemical Society, 2008, 130(6):1833 – 1835.

[37] J. K. Clegg, S. S. Iremonger, M. J. Hayter, et al. Hierarchical Self – Assembly of a Chiral Metal – Organic Framework Displaying Pronounced Porosity[J]. Angewandte Chemie International Edition,2010,49(6):1075 – 1078.

[38] L. – G. Qiu, T. Xu, Z. – Q. Li, et al. Hierarchically Micro-and Meso-porous Metal – Organic Frameworks with Tunable Porosity[J]. Angewandte Chemie International Edition,2008,47(49):9487 – 9491.

[39] T. – Y. Ma, X. – J. Zhang, Z. – Y. Yuan. Hierarchical Meso –/Macro-porous Aluminum Phosphonate Hybrid Materials as Multifunctional Adsorbents[J]. Journal of Physical Chemistry C,2009,113(29):12854 – 12862.

[40] A. C. Sudik, A. P. Côté, A. G. Wong – Foy, et al. A Metal – Organic Framework with a Hierarchical System of Pores and Tetrahedral Building Blocks [J]. Angewandte Chemie International Edition,2006,45(16):2528 – 2533.

[41] J. – R. Li, J. Sculley, H. – C. Zhou. Metal – Organic Frameworks for Separations[J]. Chemical Reviews,2012,112(2):869 – 932.

[42] J. R. Long, O. M. Yaghi. The pervasive chemistry of metal – organic frameworks[J]. Chemical Society Reviews,2009,38(5):1203 – 1212.

[43] N. Stock, S. Biswas. Synthesis of Metal – Organic Frameworks (MOFs): Routes to Various MOF Topologies, Morphologies, and Composites[J]. Chemical Reviews,2012,112(2):933 – 969.

[44] A. Clearfield, K. D. Demadis. Metal Phosphonate Chemistry:From Synthesis to Applications,Royal Society of Chemistry,Cambridge,UK,2012.

[45] G. Alberti, M. Casciola, M. Pica, et al. Preparation of nano – structured polymeric proton conducting membranes for use in fuel cells[J]. Annals of the New York Academy of Sciences,2003,984(1):208 – 225.

[46] G. Alberti, M. Casciola, U. Costantino, et al. Protonic conductivity of layered zirconium phosphonates containing – SO_3H groups. I. Preparation and characterization of a mixed zirconium phosphonate of composition Zr (O_3 PR)$_{0.73}$ (O_3 PR′)$_{1.27}$ · nH_2O,with R = – C_6H_4 – SO_3H and R′ = – CH_2 – OH[J]. Solid State Ionics,1992,50(3 – 4):315 – 322.

[47] G. Alberti, M. Casciola. Solid state protonic conductors,present main applications and future prospects[J]. Solid State Ionics,2001,145(1 – 4):3 – 16.

[48] M. Casciola, G. Alberti, A. Ciarletta, et al. Nanocomposite membranes made of zirconium phosphate sulfophenylenphosphonate dispersed in polyvinylidene fluoride:Preparation and proton conductivity[J]. Solid State Ionics,2005,176(39 – 40):2985 – 2989.

[49] G. Alberti, L. Boccali, M. Casciola, et al. Protonic conductivity of layered zirconium phosphonates containing —SO_3H groups. III. Preparation and characterization of γ – zirconium sulfoaryl phosphonates [J]. Solid State Ionics,1996,84(1 – 2):97 – 104.

[50] D. Grohol, M. A. Subramanian, D. M. Poojary, et al. Synthesis, Crystal Structures,and Proton Conductivity of Two Linear – Chain Uranyl Phenylphosphonates[J]. Inorganic Chemistry,1996,35(18):5264 – 5271.

[51] S. Kanda, K. Yamashita, K. Ohkawa. A Proton Conductive Coordination Polymer. I. [N,N′ – Bis(2 – hydroxyethyl) dithiooxamido] copper(II) [J]. Bulletin

of the Chemical Society of Japan,1979,52(11):3296 – 3301.

[52] H. Kitagawa, Y. Nagao, M. Fujishima, et al. Highly proton – conductive copper coordination polymer,H2dtoaCu (H2dtoa = dithiooxamide anion)[J]. Inorganic Chemistry Communications,2003,64:346 – 348.

[53]T. Yamada,M. Sadakiyo,H. Kitagawa. High Proton Conductivity of One – Dimensional Ferrous Oxalate Dihydrate[J]. Journal of the American Chemical Society,2009,131(9):3144 – 3145.

[54]M. Sadakiyo,T. Yamada,H. Kitagawa. Rational Designs for Highly Proton – Conductive Metal – Organic Frameworks[J]. Journal of the American Chemical Society,2009,131(29):9906 – 9907.

[55]H. Okawa,A. Shigematsu,M. Sadakiyo,et al. Oxalate – Bridged Bimetallic Complexes $\{NH(prol)_3\}[MCr(ox)_3](M = Mn^{II}, Fe^{II}, Co^{II}; NH(prol)_3^+ = Tri(3 – hydroxypropyl)$ ammonium) Exhibiting Coexistent Ferromagnetism and Proton Conduction[J]. Journal of the American Chemical Society,2009,131(37):13516 – 13522.

[56] H. Okawa,M. Sadakiyo,T. Yamada,et al. Proton – Conductive Magnetic Metal – Organic Frameworks, $\{NR_3(CH_2COOH)\}[M_a^{II}M_b^{III}(ox)_3]$:Effect of Carboxyl Residue upon Proton Conduction[J]. Journal of the American Chemical Society,2013,135(6):2256 – 2262.

[57]T. Kundu,S. C. Sahoo,R. Banerjee. Alkali earth metal (Ca,Sr,Ba)based thermostable metal – organic frameworks (MOFs)for proton conduction[J]. Chemical Communications,2012,48(41):4998 – 5000.

[58]S. Sen,N. N. Nair,T. Yamada,et al. High Proton Conductivity by a Metal – Organic Framework Incorporating Zn_8O Clusters with Aligned Imidazolium Groups Decorating the Channels[J]. Journal of the American Chemical Society,2012,134(47):19432 – 19437.

[59] M. – L. Wei,P. – F. Zhuang,Q. – X. Miao. et al. Two highly proton – conductive molecular hybrids based on ionized water clusters and poly – Keggin –

anion chains[J]. Journal of Solid State Chemistry,2011,184(6):1472 – 1477.

[60] M. Wei, X. Wang, X. Duan. Crystal Structures and Proton Conductivities of a MOF and Two POM – MOF Composites Based on Cu^{II} Ions and 2,2′ – Bipyridyl –3,3′ – dicarboxylic Acid[J]. Chemistry – A European Journal,2013,19(5): 1607 – 1616.

[61] D. E. Katsoulis. A Survey of Applications of Polyoxometalates[J]. Chemical Reviews,1998,98(1):359 – 388.

[62] N. C. Jeong, B. Samanta, C. Y. Lee, et al. Coordination – Chemistry Control of Proton Conductivity in the Iconic Metal – Organic Framework Material HKUST – 1[J]. Journal of the American Chemical Society,2012,134(1):51 – 54.

[63] J. M. Taylor, R. K. Mah, I. L. Moudrakovski, et al. Facile Proton Conduction via Ordered Water Molecules in a Phosphonate Metal – Organic Framework [J]. Journal of the American Chemical Society,2010,132(40):14055 – 14057.

[64] S. Kim, K. W. Dawson, B. S. Gelfand, et al. Enhancing Proton Conduction in a Metal – Organic Framework by Isomorphous Ligand Replacement[J]. Journal of the American Chemical Society,2013,135(3):963 – 966.

[65] J. A. Hurd, R. Vaidhyanathan, V. Thangadurai, et al. Anhydrous proton conduction at 150℃ in a crystalline metal – organic framework[J]. Nature Chemistry,2009,1(9):705 – 710.

[66] M. Casciola, S. Chieli, U. Costantino, et al. Intercalation compounds of α – zirconium hydrogen phosphate with heterocyclic bases and their ac conductivity [J]. Solid State Ionics,1991,46(1 – 2):53 – 59.

[67] K. – D. Kreuer, A. Fuchs, M. Ise, et al. Imidazole and pyrazole – based proton conducting polymers and liquids[J]. Electrochimica Acta,1998,43(10 – 11):1281 – 1288.

[68] S. J. Paddison, K. – D. Kreuer, J. Maier. About the choice of the protogenic group in polymer electrolyte membranes: Ab initio modelling of sulfonic acid, phosphonic acid, and imidazole functionalized alkanes [J]. Physical Chemistry

Chemical Physics,2006,8(39):4530 –4542.

[69]M. Casciola,U. Costantino,A. Calevi. Intercalation compounds of zirconium phosphates with substituted pyrazoles and imidazoles and their ac conductivity [J]. Solid State Ionics,1993,61(1 –3):245 –250.

[70]M. Casciola,U. Costantino,F. Marmottini. Influence of the guest molecules on the protonic conduction of anhydrous intercalation compounds of α – Zirconium hydrogen phosphate with diamines[J]. Solid State Ionics,1989,35(1 –2):67 –71.

[71]S. Li,Z. Zhou,Y. Zhang,et al. 1H – 1,2,4 – Triazole:An Effective Solvent for Proton – Conducting Electrolytes [J]. Chemistry of Materials, 2005, 17 (24):5884 –5886.

[72]S. Bureekaew,S. Horike,M. Higuchi,et al. One – dimendional imidazole aggregate in aluminium porous coordination polymers with high proton conductivity [J]. Nature Materials,2009,8(10):831 –836.

[73] V. G. Ponomareva, K. A. Kovalenko, A. P. Chupakhin, et al. Imparting High Proton Conductivity to a Metal – Organic Framework Material by Controlled Acid Impregnation[J]. Journal of the American Chemical Society,2012,134(38): 15640 –15643.

[74]D. Umeyama,S. Horike,M. Inukai,et al. Inherent Proton Conduction in a 2D Coordination Framework[J]. Journal of the American Chemical Society,2012, 134(30):12780 –12785.

[75]S. Horike,D. Umeyama,M. Inukai,et al. Coordination – Network – Based Ionic Plastic Crystal for Anhydrous Proton Conductivity[J]. Journal of the American Chemical Society,2012,134(18):7612 –7615.

[76]S. S. Nagarkar,S. M. Unni,A. Sharma,et al. Two – in – One:Inherent Anhydrous and Water – Assisted High Proton Conduction in a 3D Metal – Organic Framework[J]. Angewandte Chemie International Edition,2014,53 (10):2638 –2642.

[77]K. Kanaizuka,R. Haruki,O. Sakata,et al. Construction of Highly Oriented

Crystalline Surface Coordination Polymers Composed of Copper Dithiooxamide Complexes[J]. Journal of the American Chemical Society, 2008, 130 (47): 15778 – 15779.

[78] G. Xu, K. Otsubo, T. Yamada, et al. Superprotonic Conductivity in a Highly Oriented Crystalline Metal – Organic Framework Nanofilm[J]. Journal of the American Chemical Society, 2013, 135(20): 7438 – 7441.

[79] X. Liang, F. Zhang, W. Feng, et al. From metal – organic framework (MOF) to MOF – polymer composite membrane: enhancement of low – humidity proton conductivity[J]. Chemical Science, 2013, 4(3): 983 – 992.

[80] B. Wu, X. Lin, L. Ge, et al. A novel route for preparing highly proton conductive membrane materials with metal – organic frameworks[J]. Chemical Communications, 2013, 49(2): 143 – 145.

[81] L. Jiménez – García, A. Kaltbeitzel, V. Enkelmann, et al. Organic Proton – Conducting Molecules as Solid – State Separator Materials for Fuel Cell Applications [J]. Advanced Functional Materials, 2011, 21(12): 2216 – 2224.

[82] L. Jiménez – García, A. Kaltbeitzel, W. Pisula, et al. Phosphonated Hexaphenylbenzene: A Crystalline Proton Conductor[J]. Angewandte Chemie International Edition, 2009, 48(52): 9951 – 9953.

[83] M. Yoon, K. Suh, H. Kim, et al. High and Highly Anisotropic Proton Conductivity in Organic Molecular Porous Materials[J]. Angewandte Chemie, 2011, 123 (34): 8016 – 8019.